TURPITUDES

ACADÉMIQUES ET MINISTÉRIELLES,

OU

NOUVEAUX DOCUMENS

SUR

L'INCOMPARABLE JUSTICE ET L'ÉCLATANTE PROTECTION
ACCORDÉES EN FRANCE AUX SCIENCES ET A L'INDUSTRIE :
AVEC NOTES ET PIÈCES JUSTIFICATIVES A L'APPUI,

ET UN MÉMOIRE

SUR LES EFFETS DE LA TEMPÉRATURE DANS LA VÉGÉTATION ;

OUVRAGE INSTRUCTIF ET MORAL.

« Nous voulons être éclairés, nous voulons qu'on ajoute
« à nos connaissances, mais nous souffrons impatiemment
« qu'on nous convainque d'erreur, qu'on nous fasse perdre
« une partie de notre savoir. »
« Citez-nous une vérité, une découverte, reçue sans con-
« tradiction. »

Par un Amateur de l'industrie et de la science, et qui n'a jamais été
sous le joug ni sous l'influence d'aucune coterie,

Auteur d'une NOUVELLE THÉORIE DE LA VÉGÉTATION *,

Théorie soupçonnée par Linnée et Humboldt, renversant plusieurs préjugés
actuels de la science, et dont l'application doit procurer à l'Europe
les plus grands avantages dans sa situation politique,
commerciale, agricole et manufacturière.

---

* *Nouvelle Source de richesses, ou les Deux Indes reconquises*, etc., 3ᵉ brochure faisant
suite aux deux précédentes, *sur la facilité et les avantages de* LA CULTURE EN GRAND, *dans
nos climats tempérés, des plantes tropicales*, etc.; par un propriétaire français qui a habité
douze ans les Antilles; — le tout remis à l'Académie des Sciences avec le *Mémoire sur les
Effets de la température*, et une *Réclamation de l'auteur*.

SE TROUVE A PARIS,

Avec les ouvrages du même Auteur,

A la Librairie de Madame HUZARD, rue de l'Éperon, nᵒ 7;
Chez M. MEILHAC, Libraire, rue du Cloître-Saint-Benoît, nᵒ 10;

ET A TOULOUSE,

A l'Agence générale, rue du Musée, nᵒ 17;
Et chez les principaux Libraires.

1833,

« Suivez les progrès de la science : éveillée par l'aiguillon
de la nécessité, elle pénètre pas à pas dans le sein de la
nature ; elle en contemple la puissance infinie dans son
germe, la suit dans ses rayonnemens, et s'efforce de l'embrasser dans l'ensemble de ses lois. » — Fitche.

Ceci n'est point un libelle : en prenant la détermination de
mettre cet écrit au jour, son auteur n'a cédé à aucune influence
haineuse, ni à aucune prévention individuelle ou générale. D'ailleurs, pourrait-il en vouloir à des ministres égoïstes et aveugles,
ou à des coteries académiques dont l'incapacité et la mauvaise
volonté flagrantes doivent si fortement contribuer à rehausser le
mérite d'une conception aussi neuve qu'elle est hardie, juste et
utile? Et ce qui arrive encore aujourd'hui à l'auteur d'un nouveau
système, n'est-ce pas la répétition de ce qui est arrivé à tant d'autres à toutes les époques? Les hommes, moralement parlant, ne
sont-ils pas toujours les mêmes, toujours dominés par leurs fai-
blesses, leurs préjugés et leurs passions? Il n'y a donc pas lieu de
s'étonner, lorsque luttant seul et corps à corps contre les préjugés et les erreurs d'une fausse doctrine, mais jusque-là maintenue
pour vraie, l'auteur qui s'engage dans une telle lutte ne rencontre qu'obstacles et dédains, au lieu de l'aide et de la protection
auxquels il devrait avoir droit pour assurer le développement d'une
vérité nouvelle et éminemment utile.

Cependant, si, à d'autres époques, de pareils obstacles ont pu
retarder trop long-temps l'adoption d'une importante conception, il ne saurait plus en être de même aujourd'hui où la liberté
de la presse fournit des moyens aussi prompts que sûrs pour présenter au public les documens nécessaires qui doivent l'éclairer et
l'empêcher de continuer à être la dupe de quelques jongleurs privilégiés. Ce public, espérons-le, deviendra sourd aux clameurs et
aux ligues qui ne manquent jamais de s'élever, de la part des docteurs en titre, contre celui qui veut secouer la poussière de l'é-
cole, et ce juge souverain pourra maintenant examiner sans pas-
sion les pièces du débat. Mais si, dans les pièces que nous avons
été forcé de produire pour assurer le triomphe d'utiles vérités, il

s'en trouve qui tournent à la honte de quelques sommités minis-
térielles et de quelques coteries scientifiques, il faudra bien convenir alors que nos plaintes réitérées contre l'imperfection de
notre organisation sociale actuelle ne sont que trop fondées,
et que la plupart de nos institutions, que l'on croit seulement
créées pour aider à la propagation de la science et de l'industrie,
n'emploient que trop souvent leur funeste influence d'égoïsme et
de coterie pour en retarder l'avancement.

Nous avons cru devoir d'abord rappeler sommairement les
principaux articles traités dans les brochures qui ont précédé le
Mémoire ci-contre, qui n'est lui-même qu'un complément de ces
premiers ouvrages. Par ce moyen, nous pourrons donner une idée
au lecteur du développement qu'a déjà subi le système que nous
avons publié. Dans ce même but, nous avons aussi rappelé et les
titres et les épigraphes de ces ouvrages, en faisant connaître les
journaux et ouvrages scientifiques qui en ont déjà rendu compte.

Titres : *Nouvelle Source de Richesses, ou les Deux Indes reconquises*, brochure faisant suite aux deux précédentes : *Réussite de la
Culture de la Canne à sucre en France, démontrée infaillible, ou
Précis sur la Canne*, etc.; — *de la Facilité et des Avantages de la Culture en grand, en France, de la Canne à Sucre, du Coton, du Café,
ainsi que de plusieurs racines alimentaires supérieures à la pomme
de terre, et d'autres plantes utiles et d'agrément des tropiques*, etc.;
par un propriétaire français qui a habité douze ans les Antilles (1).

____

(1) A la librairie de madame Huzard, rue de l'Éperon, n° 7, à Paris. — Prix,
3 fr. 75 c. les trois brochures.

Epigraphes : « En s'appropriant les productions agricoles les plus importantes des deux Indes , l'Europe aura conquis leurs véritables richesses. » — « De toutes les plantes cultivées, la canne à sucre est la plus robuste, la plus vivace ». — « Partout on pourra substituer avec avantage et succès la culture de la canne à sucre à celle de la betterave. »

« De tous les objets sur lesquels peut s'exercer la sagacité de l'esprit humain, l'agriculture est incontestablement un des plus arriérés. » (L'abbé GRÉGOIRE.) — « Le doute est le commencement de la science ; qui ne doute de rien n'examine rien, qui n'examine rien ne découvre rien, qui ne découvre rien est aveugle et demeure aveugle. » (Proverbe indien.) — « Le bien-être ou le malaise d'une nation dépendent de l'habileté ou de l'impéritie de ceux qui la gouvernent. »

Les principaux journaux et feuilles scientifiques qui ont déjà fait des analyses du système développé dans les brochures qui viennent d'être rappelées, sont les suivans : *Le Mémorial Encyclopédique et Progressif des Connaissances humaines*, dans ses N°s 2, 4 et 11 des mois de février, avril et novembre 1831 ; — le journal *le Temps*, dans son N° du 13 mai 1831, colonne 8418 ; — *L'Agriculteur Manufacturier*, dans ses N°s des mois de février, juin et juillet même année ; — le journal *le Français*, dans ses N°s des 23 et 24 décembre 1831 ; — le journal *de l'Académie, de l'Industrie Agricole, Manufacturière et Commerciale*, dans son N° du 24 décembre 1832, etc., etc.

PREMIER SOMMAIRE.

AVANT-PROPOS. — Erreurs qui retardent les progrès de l'agriculture. — But de l'ouvrage.

Facilité de la culture de la canne à sucre en Europe. — Les plantes qui y sont cultivées proviennent de la partie méridionale de l'Asie, berceau du genre humain. — La pomme de terre, le plus beau présent du Nouveau-Monde. — Principales causes du retard apporté à l'acquisition de nouvelles plantes exotiques. — Les plantes cultivées dans les jardins botaniques ne peuvent donner aucune idée de leur *culture en grand*. — Il faut l'étudier sur les lieux où elle est pratiquée. — Henri IV encourage en France la plantation des mûriers. — De nos jours, superbe établissement formé à Stockholm dans le même but. — Fausses idées des anciens sur les différens climats du globe. — Nos erreurs actuelles. Les Gaules incultes. — Plantes appropriées au climat.

Napoléon voulait cultiver le café et la canne à sucre en Corse. — Ce roseau indigène et cultivé en Sicile. — Sa culture en Languedoc par Olivier de Serres. — *Id.* en Provence dans le seizième siècle. — Théorie et preuves de l'acclimatation des plantes.

Idées sommaires sur la culture du cafier, du cotonnier et de la canne à sucre. — Méthode à suivre pour la culture de la canne en France. — Elle doit y réussir. — La végétation beaucoup plus prompte dans les *zónes cultivées* du Nord que dans celles du Midi. — Calorique intérieur du globe. — Réussite plus probable de la culture de la canne dans les provinces du nord de la France que dans celles du midi. — Pourquoi. — Elle y parviendra à sa maturité. — Analogies entre la canne à sucre et la tige du maïs.

Observations sur la betterave. — Elle acquiert ses produits sucrés *sous terre*, et sans l'action immédiate des rayons solaires. — Ce qui contribue le plus à accélérer la maturité. — Différens effets du calorique solaire sous les mêmes latitudes, dans le règne végétal et animal.

Motifs qui doivent nous déterminer à faire de nouveaux efforts pour introduire en France la culture d'autres plantes exotiques. — Les Antilles ne sont plus fertiles. — Fausses idées à ce sujet. — Bizarrerie remarquable dans ces pays. — La *race européenne s'y trouve sous le joug de l'esclavage en plus grand nombre que celle du sang africain.* — Causes de l'épuisement du sol. — Les frais de culture y sont énormes. — Ces établissemens sont d'une conservation dispendieuse et précaire — Leur fin prochaine.

Réussite de la culture du café et du coton dans les pays vignobles, lorsqu'elle y sera *popularisée.* — Différens moyens employés par la nature dans nos climats pour accélérer la végétation et la maturité des plantes. — Nouvelles observations sur le calorique provenant de l'intérieur du globe. — Forte végétation du blé sous la neige. — Accumulation aux pôles des fluides magnétique et électrique. — Augmentation de la pesanteur spécifique des corps aux pôles. — Oscillations du pendule. — Pourquoi les mers boréales sont si abondantes en poissons. — Le Nord plus productif que le Midi. — Note sur les puits artésiens par rapport au calorique intérieur du globe. — Jardins d'hiver établis par leur moyen. — Diverses applications de ces puits.

Insuffisance des jardins botaniques et des sociétés savantes pour donner l'impulsion aux *cultures en grand* des plantes exotiques. — Les plus grandes découvertes dues souvent au hasard. — Pour les propager, il faut des circonstances favorables. — Découverte du cafier. — Le café apporté en France pour la première fois en 1644. — La science nous rend quelquefois trop présomptueux. — Les sociétés savantes repoussent le projet de Christophe-Colomb, comme le fruit d'un cerveau malade et exalté.

Énumération de plusieurs racines alimentaires des tropiques, d'une *culture encore plus facile et plus avantageuse que celle de la pomme de terre.* — La culture de la *canne à sucre* rendue facile et populaire. — De toutes les plantes cultivées elle est la *plus robuste* et la *plus vivace*. Moyens de la propager. — Ferme expérimentale à établir par le Gouvernement pour les essais de *culture en grand* de plusieurs plantes des tropiques. — Les particuliers peuvent se livrer à ces mêmes essais sans de grandes dépenses. — Vœux de l'auteur.

L'Espagne et l'Italie, trop négligées dans leur agriculture; la France mérite aussi ce reproche. — Des essais *réitérés de culture en grand* sur des fermes expérimentales produiront seuls des résultats positifs pour assurer la réussite et l'acclimatement des plantes exotiques.

Nouveaux renseignemens sur le sol et le climat des Antilles. — Ces pays sont malsains. — Leurs saisons. — Nomenclature des plantes de France qui y ont été portées. — Leur culture. — Les plantes des tropiques sont robustes, et telles que la nature les a produites. — La greffe n'y est pas pratiquée. — Le maïs et la pomme de terre réussissent peu aux Antilles. — La végétation y est perpétuelle, mais faible et lente. — La canne à sucre (*plante la plus robuste et la plus vivace*) s'y plante et s'y récolte pendant toute l'année. — Ces qualités (*très-robuste et très-vivace*) assurent sa réussite en France.

Nouvelles preuves des puissans effets de l'*action alternative* de la chaleur solaire et du froid sur la maturité. — Coton du Texas. — Canne à sucre à côtes plus précoce. — Autre genre de supériorité du Nord sur le Midi. — Mines d'or et d'argent de la Russie. — Leurs produits plus avantageux, suivant Humboldt, que celles du Pérou.

SECOND SOMMAIRE.

Idées de Napoléon sur le système colonial de l'Europe. — Définition scientifique et vulgaire de la canne à sucre. — Mode de sa culture pratiqué aux Antilles. — Remarques sur sa croissance et le jus qu'elle contient. — Citations de passages de différens auteurs qui ont écrit sur sa culture. — Mode de culture de la canne à sucre en Égypte, au Bengale. — En Espagne, d'après M. Delaborde.

Observations de Moreau de St.-Méry et de Barré de St.-Venant sur la culture de la canne et de ses produits. — Observations de M. de Cazeau. — D'Olivier de Serres. — Parallèle du mode de fabrication ou d'extraction du sucre du temps d'Olivier de Serres, avec celui employé de nos jours.

Culture de la canne à sucre en Calabre. — De la vigne en Angleterre. — Facilité de la culture du coton.

Résumé et méthode à suivre pour la culture de la canne à sucre en France. — Rectification de plusieurs erreurs et préjugés consignés dans des ouvrages scientifiques. — Avantages immenses résultant de la culture en France de la canne à sucre bien supérieure en produits à la betterave.

Moyens employés par les Chinois pour naturaliser les plantes. — Ils possèdent un grand nombre de plantes tropicales dans des latitudes boréales. — Plusieurs de ces plantes indiquées par lord Macartney. — Un florimane. — Conclusion.

TROISIÈME SOMMAIRE.

L'agriculture manufacturière est la branche la plus arriérée de l'industrie française. — La canne à sucre, le cafier et le cotonnier, d'une culture facile en France. — Ces plantes sont abâtardies et anéanties dans les jardins botaniques. — Erreurs et préjugés des sociétés savantes à priviléges. — Elles ne sauraient encourager l'agriculture. — Elles sont même opposées au développement de son industrie. — Preuves. — Culture de la canne à sucre et du coton.

Le cafier ne craint pas autant le froid qu'on le croit communément. — Il gèle assez fortement dans les montagnes de l'Arabie où il est le plus anciennement cultivé. — Sa propagation et sa culture rendues faciles en France au moyen de la greffe et des boutures. — Racines alimentaires des tropiques, supérieures en produits et en qualité à la pomme de terre. — Leur culture encore plus facile en France que celle de cette dernière plante.

Nos erreurs sur la possibilité de l'acclimatement de divers végétaux. — Du calorique solaire et du calorique intérieur du globe. — Effets divers produits par le calorique et le froid sur les végétaux lorsqu'on les change de climats. — Différences remarquables de plusieurs climats situés sous les mêmes latitudes. — Arriéré de cette partie de nos connaissances pour leur application aux phénomènes de la végétation. — Fluides magnétique et électrique. — Feu central.

Désastres occasionnés a l'Europe par sa manie de vouloir posséder des colonies lointaines. — Elles ne sont pour elle que des gouffres privilégiés qui engloutissent hommes et capitaux. — Ces établissemens sont cause de l'arriéré de notre industrie et de notre agriculture. — Ils sont plus nuisibles qu'utiles au commerce. — L'Egypte, St.-Domingue, Alger, Madagascar.

Juste milieu. — Saltimbanques politiques. — Couvens d'autrefois, oisifs d'aujourd'hui. — Bourbier financier de l'Europe. — Dette croissante. — Malaise général qui en est la suite. — L'Angleterre ne soutient un pareil fardeau que par la supériorité de son industrie, de son commerce et de sa puissante politique. — Infériorité de la France sous ces divers rapports. — Elle est obligée d'avoir recours à l'industrie anglaise pour la fabrication de ses armes. — Elle manque de l'esprit d'association pour les entreprises industrielles. — Son patriotisme ne connaît que les camps et la gloire. — Fiscalité. — Monopole.

L'échafaudage financier de l'Europe destiné à s'écrouler. — Ce ne sera qu'après sa chute et l'entière abolition de l'usure ou prêt à intérêt, de la fiscalité, des monopoles et des priviléges, que la régénération politique et morale des nations pourra s'opérer, et l'arbre social reprendre une nouvelle vigueur.

FIN DES SOMMAIRES DES TROIS BROCHURES.

PREMIÈRE PARTIE.

RÉCLAMATION

SUIVIE

D'UN MÉMOIRE SUR LA TEMPÉRATURE MOYENNE,

CONSIDÉRÉE D'APRÈS SES PRINCIPAUX RAPPORTS ET EFFETS
RELATIVEMENT AUX PHÉNOMÈNES DE LA VÉGÉTATION;

Remis à l'Académie des Sciences le 22 juin 1832.

L'Académie des Sciences recevra avec le présent Mémoire les trois brochures publiées successivement en 1830 et 1831 sur un système bien important, et dont le but est de prouver que c'est principalement par suite des erreurs et des préjugés actuels de la science, que la *culture en grand* des plantes intertropicales les plus utiles n'a pas encore été propagée en Europe. L'auteur, en faisant hommage à l'Académie de ses ouvrages, pour être déposés dans sa bibliothèque, désire aussi appeler son attention sur le sujet qu'il a traité, et croit pouvoir réclamer d'elle, dans l'intérêt de la science, une critique méthodique et raisonnée, ou toutes observations qu'elle jugerait à propos de faire.

Si les statuts de l'Académie s'opposaient à ce qu'elle pût se livrer à l'examen d'un ouvrage lorsqu'il est imprimé et qu'il n'est pas sous la forme de mémoire manuscrit : pour lever cette difficulté, l'auteur a joint à son envoi un Mémoire sur la *température moyenne*, considérée sous ses principaux rapports et effets dans les phénomènes de la végétation. L'examen et les décisions de l'Académie, portant seulement sur ce Mémoire, suffiront pour résoudre les questions qui se rattachent au système imprimé de l'auteur.

Cet auteur n'ignore pas que toute discussion cesserait, que tous les doutes seraient levés, si la théorie qu'il énonce était appuyée par des faits pratiques, et que si l'on voyait dans nos climats des champs de cannes à sucre et de coton, comme il tend à prouver que rien ne serait plus facile et plus avantageux que de les y établir, la conviction la plus entière deviendrait de suite le partage des esprits les plus incrédules et les plus opposés à son système. Mais l'auteur l'avouera franchement : c'est surtout d'après l'état des faits et des préjugés actuellement existans, qu'il désire que la discussion ait lieu et que les objections lui soient opposées. D'ailleurs son système étant scientifique et général, il est convenable qu'il soit d'abord soumis à l'examen sous ce rapport. Ce sera même de cet examen que doit en partie dépendre, par la suite, la plus ou moins grande rapidité avec laquelle sa théorie devra s'appliquer et s'accroître.

Outre l'examen de son Mémoire, le rapport qui en serait fait et l'insertion qui pourrait en avoir lieu dans les annales de l'Académie, l'auteur réclame encore de cette corporation, son attention sur un fait qui s'est passé dans sa séance du 12 mars dernier, dont le compte rendu se trouve dans plusieurs journaux, voie par laquelle l'auteur qui fait la présente réclamation a pu en prendre connaissance. Voici ce dont il est question : — dans la 52ᵉ livraison des Annales de la Société d'Horticulture (mois de décembre dernier), société de laquelle M. Soulanges Bodin fait partie, il a été inséré un article, p. 328, par lequel on a tronqué, à dessein, la pensée et les expressions de l'auteur, pour parvenir à tourner en ridicule son système. Cet article, qui annonce en même tems mauvaise foi et ignorance, ne peut pas être, nous le savons, dans la dépendance de la critique et des observations de l'Académie. A d'autres donc le soin de le relever. Mais ce qui passe dans son sein la concerne sans doute directement. Or, M. Soulanges Bodin, à la séance du 12 mars dernier, a lu un Mémoire dans lequel il démontre, entre autres choses : « *Qu'au moyen de la greffe on peut acclimater dans nos contrées* LES ARBRES DES PAYS LES PLUS CHAUDS. Il pense que c'est le moyen employé par les Chinois, les Japonnais, etc. » Et cette théorie de M. Soulanges Bodin est la même que celle qui est développée dans les ouvrages de l'auteur, où il est dit aussi que les Chinois nous ont devancé, et que c'est au moyen de la greffe que nous pourrons acclimater les arbres des pays les plus chauds, notamment le cafier, etc. On y trouve encore, il est vrai, le redressement de plusieurs erreurs scientifiques et l'observation qu'il faut surtout éviter l'emploi trop abusif des serres chaudes, qui détruisent la constitution des végétaux et la détériorent pour toujours : que la canne à sucre et le cafier sont cultivés à contre-sens dans nos jardins botaniques, où ces plantes, ainsi que beaucoup d'autres, sont étiolées et abâtardies, etc., etc

L'auteur du système qui vous est soumis est bien loin sans doute de critiquer la théorie de M. Soulanges Bodin, qui n'est autre que la sienne ; mais il trouve étrange que ce dernier, après l'avoir livrée à la dérision dans des Annales à la rédaction desquelles il coopère, vienne ensuite s'en faire un trophée académique, en donnant comme neuve et comme sienne une théorie qui n'est qu'un lambeau arraché à un système plus complet et d'une date bien antérieure. L'auteur de ce système ne doute pas d'obtenir de la justice de l'Académie la mention, dans une de ses prochaines séances, de l'objet de la présente réclamation, et la déclaration que cette partie du Mémoire de M. Bodin est en effet conforme à la théorie déjà publiée depuis long-temps dans les ouvrages qui sont sous les yeux de l'Académie, et qu'elle fait partie d'un système plus étendu et plus complet qui y est développé.

Ce n'est point pour faire retentir son nom dans le monde savant que cet auteur vient faire une pareille réclamation, puisqu'il veut conserver l'anonyme qu'il a toujours gardé jusqu'à présent, et qu'il ne désire l'approbation d'aucune coterie : mais tout en se garantissant de leur influence et de leur joug, il est sans doute bien fondé dans la réclamation qu'il vient de faire, et qui est basée sur un principe inaltérable à l'Académie comme ailleurs : *suum cuique.*

Les deux points soumis sont donc : l'objet de la présente réclamation et le rapport à faire sur le Mémoire de la température moyenne. Ils fixeront sans doute l'attention de l'Académie, et les observations qui en découleront fourniront à la science des renseignemens toujours intéressans. L'auteur espère pouvoir bientôt les consigner dans une seconde édition de ses ouvrages, avec plusieurs autres documens qu'il est parvenu à rassembler. Mais si, contre son attente, l'Académie gardait le silence, le but qu'il se propose n'en serait pas moins atteint, puisque le public serait toujours à même de juger de la bonté d'un système sur lequel son auteur provoque sans cesse la publicité et la discussion, et qu'il pourrait en même temps apprécier l'indifférence et l'incapacité des sociétés savantes pour l'avancement de la science la plus utile, l'agriculture.

MÉMOIRE

SUR LA TEMPÉRATURE MOYENNE,

CONSIDÉRÉE SOUS SES PRINCIPAUX RAPPORTS ET EFFETS DANS LES PHÉNOMÈNES DE LA VÉGÉTATION.

Les extraits raisonnés et les analyses scientifiques qui ont déjà eu lieu dans plusieurs journaux, et notamment dans *le Temps* du 13 mai, et *le Français* des 23 et 24 décembre 1831, sur le système que nous avons émis, et qui tend à démontrer la facilité et les avantages de l'introduction dans nos latitudes tempérées de la culture en grand des plantes intertropicales les plus utiles, prouvent que le public a pu, dès à présent, apprécier les immenses résultats de cette nouvelle voie ouverte au travail et à l'industrie européenne. Mais pour en faciliter l'entrée à ceux qui voudraient s'y engager, il est nécessaire de l'éclairer sans cesse et de détruire les obstacles nombreux qui s'y sont, pour ainsi dire, accumulés. Les plus forts et les principaux proviennent, nous ne cesserons de le répéter, des erreurs et des préjugés de la science. Ces erreurs sont d'autant plus funestes à son avancement, que, paraissant, au contraire, être des vérités démontrées, elles s'opposent à toute critique comme à toute discussion ; et nos savans les considérant comme des axiômes mathématiques, croiraient compromettre leur gravité s'ils daignaient examiner le moindrement ces propositions si mal sonnantes, et qui sont à leurs yeux les hérésies les plus fortes et les plus hardies qui aient encore été mises au jour.

Et d'abord, ils se retranchent sur la température moyenne de nos climats (1). Celle de la France, d'après M. de Humboldt,

---

(1) Tableau de la température moyenne de différens lieux, rapporté par M. de Humboldt, dans son *Voyage aux régions équinoxiales du nouveau continent*, édition de 1816, t. 1er, p. 87.

Désignation des lieux.	Latitude.	Températ. moy. centig.
Uméo.	63°, 50	0°, 7
Saint-Pétersbourg '	59°, 56'	3°, 8
Upsal.	59°, 51'	5°, 5

est de 10 a 13°, et la température moyenne exigée pour la culture du café et de la canne à sucre, doit aussi, d'après le même savant, être de 18 à 20°; pour celle de l'olivier de 13 à 14°; pour celle de la vigne de 10 à 11° centigrades, etc. De là les conclusions entièrement réprobatrices contre le système que nous avons développé.

Il nous sera facile de relever en peu de mots leurs erreurs : en effet, pour déterminer la température moyenne d'un lieu, ils calculent les degrés du thermomètre au-dessus et au-dessous de zéro pendant plusieurs années, et ils en extraient la moyenne proportionnelle. Cette opération peut être exacte selon le calcul matériel, mais est faite sur de fausses données, surtout relativement à ses résultats sur les phénomènes de la végétation.

On sait que, dans nos climats européens, à partir, par exemple, du 45ᵐᵉ jusqu'au 65ᵐᵉ degré de latitude, il règne des hivers plus ou moins longs, plus ou moins rigoureux, principalement d'après l'abaissement ou l'élévation du terrain par rapport au niveau de la mer, et la largeur plus ou moins grande des continens ; mais il n'en est pas moins vrai que plus l'hiver a été prolongé et la terre couverte de neige, plus la végétation est prompte et vigoureuse au printemps, lors du retour des chaleurs, et que, sous les latitudes cultivées les plus boréales, il se fait à cette époque, pour ainsi dire, une explosion de végétation, de telle sorte que le blé y est

Désignation des lieux	Latitude	Températ. moy. centig
Stockholm.	59°, 20′	5°, 7
Copenhague.	55°, 41′	7°, 6
Berlin.	52°, 31′	8°, 1
Paris.	48°, 50′	10°, 7
Genève *.	46°, 12′	10°, 1
Marseille.	43°, 17′	14°, 3
Toulon *.	43°, 03′	17°, 5
Rome.	41°, 53′	15°, 7
Naples.	40°, 50	18°, 0
Madrid *	40°, 25	15°, 0
Mexico *.	19°, 25′	17°, 0
Vera-Cruz *.	19°, 11′	25°, 4
Équateur (sur l'Océan).	00°, 00	2°, 0
Quito *.	00°, 14	15°, 0

Nota. Les lieux marqués d'une astérisque ont leur climat singulièrement modifié, soit par leur élévation au-dessus de l'Océan, soit par d'autres circonstances indépendantes de la latitude.

souvent semé et récolté en six semaines, ce qui ne pourrait avoir
lieu sous des latitudes plus méridionales. Cette rapidité de la végétation sous ces climats provient de plusieurs causes locales et
particulières (1). Les principales sont : le calorique intérieur du
globe, qui agit plus puissamment au nord ; les fluides magnéti-
ques et électriques qui y sont aussi plus abondans, enfin le calorique solaire et la lumière qui s'y manifestent plus long-temps que
dans les contrées méridionales à l'époque du renouvellement de la
végétation (le soleil y étant, dès ce moment, presque constamment sur l'horizon), et avec plus d'intensité, par rapport à la plus
forte densité d'un air surchargé de fluide électrique. Il faut encore
ajouter à ces causes l'état d'humidité, si favorable à toute végétation, dans lequel se trouve la terre par suite d'un long hiver. Cette
humidité, combinée avec le calorique solaire et les autres élémens
ci-dessus rappelés, contribue puissamment au prompt développe-
pement des plantes et à la maturité de leurs productions, et fait
qu'il n'y a jamais, dans ces parties boréales, de ces sécheresses si
fréquentes et si nuisibles qui ont lieu dans les parties plus méridionales. (Comme nous ne pourrions que répéter ce que nous avons
déjà dit à ce sujet dans nos ouvrages, nous sommes forcé d'y
renvoyer le lecteur pour de plus amples détails).

Dès lors, dans le calcul de la température moyenne de ces
climats, relativement aux phénomènes de la végétation, il faudrait donc considérer comme moyens actifs, et équivalens à un
certain nombre de degrés de chaleur, les mois de l'hiver, puisqu'ils procurent une nouvelle vigueur aux plantes, et assurent
leur plus prompte végétation ; car, cette époque de leur sommeil
est réellement un temps de repos réparateur et qui produit, avec
les autres élémens spéciaux que nous venons d'indiquer, de nouvelles forces suppléant à l'inaction pendant laquelle la végétation
a été maintenue durant la saison de l'hiver. Mais, bien loin d'éta-

____

(1) « On distingue avec raison entre un *climat continental* et un *climat insu-
laire*. Dans le premier, des étés très-chauds succèdent à des hivers très-rigoureux.
Dans le second, le contraste des saisons est moins grand : les étés sont moins
chauds et les hivers moins froids, à cause de la température peu variable de
l'Océan voisin qui rafraîchit l'air en été, et le réchauffe en hiver. » (DECANDOLLE,
Voyage aux contrées équinoxiales du nouveau continent, par HUMBOLDT et
BONPLAND, 1816, t. 2, p. 70).

blir ce calcul sur ces nouvelles bases, on ne manque pas de déduire tous les degrés au-dessous de zéro, et de réduire la température moyenne de ces contrées à un minimum inexact et erroné, du moins quant à ses résultats pour les phénomènes de la végétation, et sans avoir égard aux autres causes *spéciales* à ces climats et favorables à la croissance comme à la maturité et à la conservation des plantes (1).

D'un autre côté, si nous examinons ce qui se passe dans les climats les plus chauds, nous verrons que leur température moyenne, calculée sur les mêmes données (toujours par rapport aux lois de la végétation), est entièrement défectueuse. Nous choisirons le continent d'Afrique entre les deux tropiques, faisant abstraction de quelques localités particulières, telles que les hautes montagnes, les déserts de sable ou les rivages de l'Océan(2). Or, que voyons-nous dans ces contrées? une chaleur sèche long-temps prolongée (à peu près pendant six mois), à laquelle succède une autre saison de six mois d'orages et de pluies réitérées. Pendant la première période, cette grande chaleur solaire, accompagnée d'un air chaud et dépourvu d'humidité, rend la terre tellement dure et desséchée que les plantes languissent et que les

---

(1) *Voyage du capitaine King à l'extrémité méridionale de l'Amérique du Sud.* « La terre de Feu est un amas d'îles. Fréquemment le thermomètre descend au-dessous du point de congélation, même sur le bord de la mer; cependant le froid n'est pas insupportable. On a vu beaucoup de perroquets et d'oiseaux-mouches même quand la neige tombait. Les fuschia, les véroniques frutescentes et d'autres arbrisseaux, que, dans l'Europe tempérée, on élève avec précaution, comme des plantes délicates, croissent spontanément et avec vigueur dans les terres voisines du détroit de Magellan. M. King attribue ces faits remarquables à la haute température de la mer, qui, en hiver, est de plusieurs degrés au-dessus de celle de l'air, et aux nuages de vapeur qui se dégagent de sa surface. » (Journal *le Temps*, du 20 avril 1832. — Feuilleton).

(2) « Lorsqu'on parcourt les journaux de route de tant de célèbres navigateurs, on est surpris de voir que jamais, dans les deux hémisphères, ils n'ont observé le thermomètre, sous la zône torride, en pleine mer, au-dessus de 34° centigrades ou 27°, 2 de Réaumur. Sur des milliers d'observations faites à l'heure du passage du soleil par le méridien, on trouve à peine quelques jours où la chaleur se soit élevée à 31 ou 32° (24°. 8 ou 25°, 6 de Réaumur), tandis que sur les continens de l'Asie et de l'Afrique, sous les mêmes parallèles, la température excède souvent 35 et 36° de Réaumur. » (*Voyage aux régions équinoxiales du nouveau continent*, 4° e., t. 2, p. 65).

progrès de la végétation deviennent presque nuls. Seulement, des rosées abondantes et très-froides, provenant des hautes régions atmosphériques où elles ont été condensées après y avoir été élevées par un air extrêmement raréfié, retombent pendant les longues nuits équinoxiales, au moment où le soleil cesse de donner le ressort et l'élasticité suffisans à l'air qui les tenait suspendues. Ces rosées bienfaisantes et quotidiennes contribuent à tempérer l'extrême sécheresse de l'air et du sol, diminuent ses pernicieux effets et s'opposent, sous ces latitudes, à cette époque brûlante, à l'entier anéantissement de toute végétation.

Ici nous devons consigner un fait que les colons des Antilles ont pu remarquer comme nous. Les Nègres importés d'Afrique, habitués qu'ils sont à l'existence de ces nuits très-froides, qui n'ont pas lieu aux Antilles, y conservent encore néanmoins l'usage qu'ils auraient contracté dans leurs pays de faire de grands feux pendant la nuit pour atténuer les pernicieux effets de ces refroidissemens subits et réguliers, auxquels ils sont, par suite des contrastes, extrêmement sensibles.

Mais revenant à notre sujet, la seconde période dont nous avons parlé, qui, en Afrique, est la saison des pluies, ranime promptement la végétation, auparavant languissante ; et des savanes, qui paraissaient entièrement desséchées et comme si le feu les eût consumées, reprennent alors une nouvelle verdure, et, ainsi que toutes les plantes, une végétation bien rapide. Leur croissance est, à cette époque, d'autant plus forte et plus vive que la terre a été bien mûrie par le soleil, et que les principes de fertilité, qui y ont été accumulés sans déperdition pendant tout le temps de la saison morte pour la végétation, se trouvent puissamment développés par des pluies abondantes et par la grande quantité de fluide électrique, résultat des fréquens orages dans un temps où un soleil ardent et une atmosphère chaude et humide agissent avec la plus grande force. C'est aussi dans ce moment que la fermentation de tous les corps est la plus grande, et que l'on trouve réunie tout à la fois dans ces plages africaines, et dans une même saison, l'action simultanée du printemps et de l'été.

Enfin, si nous examinons sous les mêmes rapports les phénomènes qui se développent aux Antilles et dans la plus grande partie des contrées intertropicales du nouveau continent, nous y trouverons encore des différences frappantes. En effet, la chaleur de ces dernières contrées n'est plus la même que celle de l'Afrique sous de semblables latitudes. La première est constamment humide et jamais aussi sèche ni aussi élevée qu'en Afrique. Les rosées n'y sont non plus jamais aussi abondantes ni aussi froides que dans ce dernier continent, et la température annuelle n'y varie que d'un petit nombre de degrés, et y est presque aussi constante que les vents alisés qui y règnent. Dans nos ouvrages, nous avons fait connaître les principales causes de ces différences ; nous nous dispenserons de les reproduire de nouveau. Mais les faits que nous énonçons sont constans et certifiés par des voyageurs instruits. On doit observer, toutefois, que nous ne parlons que d'une manière générale, et que nous admettons, comme partout ailleurs, l'existence de quelques exceptions locales.

Ces différences de climats ont dû nécessairement produire des différences frappantes dans le règne végétal comme dans le règne animal de ces deux hémisphères. Nous ne les examinerons ici que sous le point de vue qui nous occupe. Cet état constant d'humidité dans l'air, et par suite dans le sol des Antilles, a dû y produire, avec la chaleur des zônes intertropicales, une végétation et une verdure non interrompues ; mais comme chaque climat a ses inconvéniens et ses avantages, celui-ci pèche par une humidité surabondante et trop continue qui rend la végétation perpétuelle, mais faible, languissante et, pour ainsi dire, énervée. Là, on ne voit point à beaucoup près de ces sécheresses d'Afrique et même de Provence, ou de nos départemens méridionaux. Les savanes ou prairies y sont toujours vertes et n'y paraissent jamais brûlées comme dans ces dernières localités ; mais aussi on n'y voit pas, dans les plantes cultivées comme dans celles qui ne le sont pas, de ces *élans* de végétation que l'on trouve assez habituellement dans les autres climats (1). Ce n'est pas qu'il n'y existe aussi des saisons où les progrès de la végétation soient plus ou moins sensibles, mais les nuances de ces progrès ne sauraient être aussi

---

(1) « Malgré l'influence que la pression de l'air et l'extinction plus ou moins grande de la lumière exercent sur les fonctions vitales des plantes, c'est pourtant *la chaleur inégalement distribuée* entre les différentes parties de l'année que l'on doit considérer comme le stimulus le plus puissant de la végétation. » (Humboldt, *Voyage aux régions équinoxiales du nouveau continent,* 4ᵉ édit. 1817, t. 4, p. 231.)

fortes que celles qui se manifestent ailleurs. Dans les plantes cultivées d'Europe qu'on y a transporté, et qui sont presque toutes
des espèces de légumes et plantes de jardinage, ce sont les plus
herbacées et les plus tendres qui y réussissent le mieux : mais
toutes mettent plus de temps à y acquérir leur perfection que dans
nos climats. Ce temps en plus qui leur est nécessaire est au moins
d'un quart en sus, et presque jamais ces mêmes plantes ne peuvent amener leurs graines à parfaite maturité comme en France.
Nous avons aussi donné des détails suffisans à cet égard, et nous
croyons inutile de les reproduire.

Si l'on a suivi attentivement les différens phénomènes, les modifications variées qu'éprouvent les plantes dans leurs systèmes de
végétation sur plusieurs points opposés du globe, on aura sans
doute été frappé de la *diversité des moyens employés par la nature
pour produire les mêmes résultats.* Dans un climat, par exemple, la
végétation est suspendue pendant six mois, par suite d'une forte
chaleur solaire, jointe à une extrême sécheresse dans l'air et dans
le sol, tandis que, dans un autre, cette suspension a lieu pendant
le même laps de temps, par suite d'un froid rigoureux. Ici, la terre,
durcie et resserrée par l'absence de la chaleur, conserve néanmoins dans son sein, et enveloppées sous son manteau d'une éclatante blancheur, les productions végétales nécessaires aux besoins
du règne animal, tandis qu'ailleurs cette mère commune les re-
tient aussi emprisonnées et immobiles dans son écorce durcie et
desséchée par la trop grande ardeur du soleil, et les préserve
d'une entière destruction au moyen de rosées bienfaisantes, pour
les rendre ensuite, dans l'un et l'autre climat, saines et sauves,
pleines d'une nouvelle vigueur, et prêtes à profiter des élémens
nécessaires pour assurer leur perfection ; élémens qu'une saison
plus favorable doit leur prodiguer en hâtant leur développement.

On aura aussi sans doute remarqué que les plantes les plus délicates, précieusement conservées, pour ainsi dire, comme les
chrisalydes dans leurs coques, ont résisté à ces rudes épreuves
aussi bien que les plantes les plus robustes ; et bien loin que ces
périodes difficiles aient détruit leur système organique, ainsi qu'on
aurait pu le craindre, nous les voyons, comme ces insectes dont
nous venons de parler, renaître avec une nouvelle force et un
nouvel éclat. On n'est pas non plus sans avoir observé avec quelque surprise ces plantes très-délicates, quoique non cultivées,

qui paraissent dans nos champs aussitôt après la fonte des neiges,
et sont admises dans nos alimens comme salades fort tendres et
très-salutaires. Leur conservation, malgré les froids, a été plus as-
surée que dans des climats beaucoup plus chauds, où elles auraient
eu à supporter des effets bien plus nuisibles à leur organisation,
et si nos botanistes ne parviennent pas dans leurs jardins à faire
prospérer la culture de ces plantes délicates, ainsi que de beaucoup d'autres qui le sont bien moins, c'est parce qu'ils contrarient
la marche de la nature en croyant la seconder. L'exactitude de
cette assertion peut se vérifier facilement en observant qu'un
grand nombre de plantes des plus communes, et qui réussissent
dans nos climats sans autres soins que ceux de la nature, dépéris-
sent bientôt entre leurs mains. Il n'est donc pas étonnant que,
pour des plantes exotiques qu'ils n'ont jamais vues ni cultivées,
ils commettent, ainsi que nous l'avons déjà démontré, les erreurs
les plus grossières dans les soins intempestifs qu'ils leur donnent,
comme ils ont les préjugés les plus enracinés sur leur mode de
végétation et sur la prétendue température moyenne qu'ils pen-
sent leur être nécessaire. De là, nous ne cesserons de le dire, l'é-
tat d'avortement et d'anéantissement dans lequel ils maintiennent
la plupart de ces plantes, notamment la canne à sucre et le
cafier.

Mais, revenant au système de température moyenne établi par
nos savans de cabinet, nous voyons qu'il ne pouvait être plus faux
ni plus mal imaginé pour les conséquences qu'ils en ont tiré. En
effet, si nous citons, par exemple, le blé, comme étant cultivé
dans les climats les plus opposés et comme la plante la plus utile
et la plus connue, et si nous examinons ensuite les divers phénomènes qu'il éprouve dans sa végétation sous ces différens climats,
nous verrons qu'il réussit assez généralement sous les deux ex-
trêmes du chaud et du froid, et sous toutes les autres températures
intermédiaires (1). Or, n'eût-il pas été impossible, même ridicule
de vouloir lui assigner une seule et unique température moyenne

---

(1) « C'est un spectacle frappant de voir les céréales de l'Europe cultivées
depuis l'équateur jusqu'en Laponie, par les 69° de latitude, dans des régions
qui ont de + 22° à — 2° de chaleur moyenne, partout où la température de
l'été est de 9° à 10°. » (HUMBOLDT, *Voyage aux régions équinoxiales du
nouveau continent*, 4ᵉ édit. 1820, t. 5ᵉ, p. 127).

comme indispensable à sa réussite. Mais, dira-t-on, la règle générale est que, pour pouvoir cultiver avec succès certaines plantes, il faut que cette culture ait lieu sous de certaines températures moyennes, tandis que pour d'autres qui font exception, comme les céréales ou graminées, les températures les plus variées peuvent convenir. Quant à nous, nous renverserons, au contraire, la proposition, pour y en substituer une autre plus conforme aux faits et à l'expérience, et nous dirons : La règle générale est que presque toutes les plantes peuvent réussir sous les climats les plus variés, et qu'un très-petit nombre, pour prospérer, exige des climats spéciaux ; que tous les jours, à notre étonnement, nous voyons ces exceptions et ces spécialités diminuer de plus en plus (1) ; qu'en Chine, par exemple, par suite d'une civilisation de plusieurs milliers d'années (tandis que la nôtre date à peine d'un siècle et demi, puisque les premières grandes routes furent établies par Louis XIV), le nombre de ces spécialités se trouve beaucoup moins étendu que chez nous ; qu'ils ont obtenu ces résultats, surtout en évitant l'emploi trop fréquent que nous faisons des serres-chaudes, lesquelles affaiblissent et paralysent pour ainsi dire l'organisation des végétaux, et après avoir réitéré dans leur agriculture de nombreuses expériences de *culture en grand*. On sait que ces expériences chez nous ne sont pas même à leur début, et sont d'ailleurs restreintes, pour les plantes exotiques, entre les mains des florimanes ou dans les seuls établissemens scientifiques. De tels essais aussi défectueux, et qui ne sont ni réitérés convenablement ni *popularisés*, ne peuvent que présenter des résultats éphémères avec les aberrations les plus fortes, suite nécessaire des préjugés existant à cet égard. Enfin, nous ne pouvons ignorer que les Gaules, naguère incultes et sauvages, ont tiré presque toutes les plantes utiles et d'agrément qu'elles possèdent actuellement des contrées méridionales de l'Asie, berceau du genre humain : qu'avec le temps, lorsque les erreurs et les préjugés actuels seront détruits, nous continue-

. . . . .

(1) « M. D..... de Dijon a élevé une grande quantité de mûriers près de cette ville. C'est une erreur de croire que ces arbres prospèrent mieux au midi qu'au nord ; il est constant que c'est tout le contraire. La Russie les a propagés en Ukraine, etc. » (Journal *le Temps*, du 24 novembre 1831. — Feuilleton.) — « La culture du thé est très-facile en Europe et en Angleterre, etc. » (*Idem,* du 24 décembre 1831).

rons à faire les acquisitions et les découvertes les plus avantageuses pour l'industrie agricole.

Ces réflexions générales établies, et revenant aux spécialités qui
nous ont occupé, nous avons soutenu et prouvé qu'il est beaucoup
plus facile de faire prospérer la canne à sucre dans des climats
tempérés et favorables à une bonne végétation, que dans des
climats trop chauds, où l'air et le sol conservent pendant plusieurs mois bien peu d'humidité, comme en Provence ou en
Espagne. Il n'est donc pas étonnant, ainsi que nous l'avons in-
diqué, que quelques essais isolés de *culture en grand*, qui auraient
déjà été faits dans ces climats, aient donné des résultats peu satisfaisans. Ils ont dû être semblables à ceux qu'auraient produits
dans ces mêmes contrées les *cultures en grand* des *betteraves*, des
choux, du *tabac*, etc., qui prospèrent si bien dans des latitudes
plus tempérées et dans des terrains plus fertiles et plus humides.
La canne, qui n'est autre chose qu'un *gramen*, qui est de toutes
les plantes cultivées la *plus vivace* comme la *plus robuste*, qui se re-
produit de *bouture*, qui n'a ni grains ni fruits à mûrir, mais seulement une tige à développer, à peu près dans le genre de celle du
maïs, c'est-à-dire tendre et juteuse, qui a une croissance rapide
et indéterminée, dont la maturité n'est que relative, etc., etc.,
demande, pour prospérer, les mêmes localités que celles où réussissent le mieux les cultures des plantes ci-dessus rappelées; et si
des essais de sa culture en grand n'ont pas encore été pratiqués
dans ces derniers lieux, c'est parce qu'on est parti de ce faux
principe, de l'absence d'une température moyenne assez élevée
et des conséquences erronées qu'on en a tiré.

On a aussi pu le remarquer comme nous : bien loin que ce
principe puisse être appliqué d'une manière générale, il
éprouve des modifications infinies dont on n'a pas assez su tenir
compte. Les principales sont, sans contestation, celles qui résultent de ce que la nature répare en promptitude, dans son système
de végétation, ce qu'elle a perdu en temps, et de ce que l'on a
considéré, dans un pareil calcul, comme obstacle et inertie, ce
qui devait, au contraire, entrer en ligne de compte, comme
moyen de repos et réparation de forces (1).

---

(1) « A mesure que l'on avance vers le nord, la température des mois varie
de plus en plus, et la force et la richesse de la végétation ne donnent plus la

Il faudrait un volume entier pour donner l'analyse de toutes ces modifications, dont nous n'avons pu indiquer jusqu'à présent que les principales. Mais ce que nous en avons déjà dit est plus que suffisant pour constater les erreurs et les préjugés actuels de la science; car, quoique le goût de l'histoire naturelle soit devenu commun, que les pays riches soient remplis de cabinets amassés à grands frais, ce spectacle de la nature morte, et disséquée, pour ainsi dire, est plus fait pour la curiosité que pour l'instruction. Il ne formera ni un bon physicien, ni un grand chimiste, comme les vastes bibliothèques ne font ni des poètes, ni des orateurs. Répétons-le donc, c'est le grand livre de la nature et de la nature *vivante* qu'il faut savoir consulter. Nos mœurs paperassières et casanières seront toujours le plus grand obstacle au développement de la science et à l'avancement de l'industrie.

Ce n'est donc probablement que par inadvertance que M. de Humboldt a pu penser, comme ses devanciers, « qu'en Europe, « le *minimum* de la température moyenne qu'exigeait une bonne « culture, était, pour la canne à sucre, de 19 à 20°; pour le « cafier, de 18°, etc., etc. » Mais, cet illustre voyageur, auquel nous nous empressons de rendre toute la justice et tous les éloges qu'il mérite, et qui a observé, avec fruit et sagacité, la nature autre part que dans les cabinets et les bibliothèques, avait un pressentiment que cette assertion de température moyenne ainsi fixée n'était qu'une erreur. Aussi se hâte-t-il d'ajouter : « Cette échelle thermométrique d'agriculture est assez exacte « lorsqu'on n'embrasse les phénomènes que dans leur plus « grande généralité; mais des exceptions nombreuses se présen- « tent, si l'on considère des pays dont la chaleur moyenne de « l'année est la même, tandis que les températures moyennes « des mois diffèrent beaucoup les unes des autres. » (*Essai sur le royaume de la Nouvelle-Espagne*, 5 v. édit. de 1811, t. 3, p. 17) (1).

---

mesure de la température moyenne de l'année entière. » (HUMBOLDT. — Note de M. Decandolle. — *Voyage aux contrées équinoxiales du nouveau continent*, 4ᵉ édit. t. 2ᵉ, p. 70).

(1) « En général, le problème de la distribution climatique des plantes est beaucoup plus compliqué dans les pays septentrionaux que sous les tropiques. Dans les premiers, cette distribution dépend à la fois de la température moyenne des mois de l'été et de la température du sol qui diffère de la chaleur moyenne de l'année. » (HUMBOLDT, *Voyage aux contrées équinoxiales*, etc., t. 2ᵉ, p. 71).

Si ce véritable savant, ce grand naturaliste, qui a fait tant de découvertes et d'observations précieuses et intéressantes sous différens climats, avait pu porter ses études et son expérience sur les cultures spéciales dont nous nous sommes particulièrement occupé, il n'est pas douteux qu'il n'eût reconnu, comme nous l'avons fait, dans la canne à sucre, dans ce *gramen* si vivace et si robuste, une flexibilité d'organisation (1) qui lui permettait, comme à beaucoup d'autres graminées, d'occuper un très-grand nombre de zônes. Mais il a pris pour point de départ les préjugés déjà existans, et les a considérés comme des vérités démontrées. De pareilles erreurs, échappées à la pénétration de cet illustre savant, ne pouvaient plus être aperçues par des observateurs vulgaires et à coteries scientifiques, qui, d'ailleurs, craindraient de se compromettre s'ils s'écartaient de la route battue, lors même qu'ils auraient la puissance et la bonne volonté, qui souvent leur manquent, pour essayer d'en parcourir une nouvelle.

Nous avons déjà fait connaître, dans les ouvrages que nous avons publiés, les raisons péremptoires qui doivent s'opposer, du moins quant à présent, à ce que le Gouvernement et les sociétés scientifiques privilégiées accueillent en aucune manière le système avantageux que nous avons mis au jour. Le public seul sera bientôt à même de l'apprécier : et il n'appartiendra sans doute qu'à l'industrie particulière de vaincre des obstacles qui ne sont que les résultats de la fiscalité et des monopoles appuyés par des erreurs doctorales. Il y a donc tout lieu d'espérer qu'à l'avenir on interrogera plus hardiment et avec plus de succès la nature, parce qu'on raisonnera moins d'après de fausses théories. Mais, toutes les fois que ce sera le Gouvernement qui prendra l'initia-

---

(1) « Dans l'étude des rapports géographiques des plantes, il faut distinguer entre les végétaux dont l'organisation résiste à de grands changemens de température et de pressions barométriques, et les végétaux qui ne paraissent appartenir qu'à de certaines zônes et à de certaines hauteurs. » (HUMBOLDT, *Voyage*, etc., t. 2ᵉ, p. 72). — « On suppose ordinairement que, sous l'influence de certaines températures, certaines formes végétales doivent nécessairement se développer. Une telle supposition n'est pas rigoureuse dans toute sa généralité. — L'identité des formes indique une analogie de climats; mais, sous des climats analogues, les espèces peuvent être singulièrement diversifiées. » (*Idem*, t. 4ᵉ, p. 235).

tive, et qui agira par la voie des commissions scientifiques ou privilégiées, pour se livrer à des expériences agricoles, en faire dresser des rapports emphatiques approuvés par des coteries, etc., les résultats à en espérer ne seront point douteux; ils seront presque toujours futiles, faux ou erronés, et en raison inverse de l'importance du but à atteindre; et les sommes considérables qui pourront y être affectées deviendront nécessairement des dépenses inutiles et en pure perte (1). Quant à nos efforts person-

---

(1) « Le Gouvernement crut devoir, il y a quelques années, s'occuper de l'amélioration de notre agriculture. Le dessein était louable; mais comment s'y prit-il? On commença par former une commission de *savans* siégeant auprès du ministre et l'on se mit à l'ouvrage. Le résultat fut une espèce d'instruction rurale signée du ministre, envoyée aux gouverneurs et transmise ensuite par ceux-ci aux commandans de quartier, et aux principaux colons. Si l'on se fût adressé à un mauvais plaisant et qu'il eût voulu profiter de l'occasion pour faire tomber le ministère dans le ridicule et faire rire à ses dépens, il n'aurait pas mieux réussi. »

« On recommandait aux habitans de se livrer à la culture des pommes de terre pour la nourriture des ateliers. On ne se rappelait pas sans doute que ce tubercule ne réussit pas dans les pays chauds (*a*); que d'ailleurs les colonies possèdent la banane qui vient presque sans culture (*b*), la patate douce, le madère et l'igname dont les racines pèsent jusqu'à vingt livres (*c*), les malangas, etc.; enfin le manioc, celle de toutes les plantes connues qui, dans une portion de terre donnée, nourrit le plus grand nombre d'hommes. On apprenait gravement aux colons que les engrais tirés des parcs favorisaient la végétation des cannes. On leur conseillait, pour détruire les insectes, d'allumer la nuit des feux autour des pièces de cannes, afin que les mouches qui produisent ces animaux nuisibles allassent s'y brûler les ailes.

« On proposait aux habitans, pour détruire les rats, l'introduction d'un animal qui leur fît la guerre. Lequel? c'est ce qu'on ne disait pas; et dans le cas où ils ne pourraient point se procurer un pareil auxiliaire, on les engageait à employer un *secret* (ce sont les termes de la dépêche) connu des Anglais. On se disait : comment un

---

(*a*) Ou, du moins, la culture de la pomme de terre y donne des résultats peu satisfaisans, et les États-Unis, qui la cultivent avec le plus grand succès, en approvisionnent les Antilles, et y apportent aussi d'autres racines et légumes, du maïs, des pois, des farines de froment, des viandes salées, du bois de construction, etc. etc..... et le tout à un très-bas prix.

(*b*) « Le produit des bananes est à celui du froment :: 133 : 1, et à celui des pommes de terre :: 44 : 1. » (HUMBOLDT, *Essai politique sur le royaume de la Nouvelle-Espagne*, t. 3ᵉ, p. 63).

(*c*) « *Dioscorea*, de la famille des asparaginées, igname ailée, *alata*. LINN. Ses racines pèsent quelquefois de 30 à 40 livres. » (*Dictionnaire des sciences naturelles*, t. 23ᵉ, édit. de 1823, p. 16., au mot *igname*).

(*Nota* Ces trois notes sont rapportées par l'auteur du présent *Mémoire*).

nels, quoique bien minimes, pour nous faire sortir de l'ornière dans une partie aussi utile et aussi peu avancée que notre agriculture, nous ne les épargnerons pas. D'ailleurs, en nous livrant à ce travail, nous nous proposons de remplir en même temps deux buts. Le premier et le plus utile, celui de contribuer à l'avancement de notre industrie, en procurant à notre pays de nouveaux moyens de travail et de prospérité. Le second, que nous avons déjà atteint bien malgré nous, est de constater, par des preuves irrécusables que nous mettrons bientôt au jour, non-seulement l'insouciance et la mauvaise volonté des agens du Gouvernement et des sociétés savantes pour tout ce qui est vraiment utile, mais encore leur opposition formelle à vouloir admettre, examiner ou discuter ce qui leur est soumis dans un but scientifique et évidemment avantageux.

Ces résultats, nous l'avouerons, ne nous ont point surpris, sachant que c'est ainsi que les choses doivent nécessairement se passer à une époque de transition telle que la nôtre, où nous

---

moyen mis en usage par toute une nation peut-il être un secret? et si c'est un secret, comme le prétend le ministre, avant de nous recommander de nous en servir, il faudrait nous le faire connaître.

« On s'occupait ensuite de l'introduction d'un poisson d'eau douce, appelé *Gorumi*. Telle était sa fécondité, assurait-on, qu'introduit dans nos rivières, il remplacerait la morue que nous n'aurions plus besoin de tirer du dehors (*d*). Pour bien saisir tout le ridicule de la chose, il faut savoir que nos rivières ne sont que des torrens et que la Guadeloupe seule consomme 3,966,34 1 kilog. de morue (*e*).

« Cette instruction, qui formait une espèce de gros Mémoire imprimé, était remplie de sottises et de naïvetés de ce genre. On aurait cru que c'était une plaisan-

---

(*d*) La philantropie ne consiste pas à donner *un peu de morue de plus et quelques coups de fouet de moins.* Une véritable amélioration de la classe servile doit s'étendre sur la position entière, morale et physique de l'homme.

(*e*) Cette consommation aussi considérable est alimentée par le seul commerce américain des Etats-Unis, nation qui, par parenthèse, a presque tous les avantages du commerce de nos colonies sans en avoir les charges. C'est en vain que la France a cherché par des primes très-fortes (10 fr. par quintal) à favoriser l'introduction de la morue de pêche française, et à repousser celle américaine. Jamais elle n'a pu y parvenir. Les morues françaises ont toujours été si inférieures et si avariées qu'elles n'ont pu servir à la consommation, mais tout au plus comme engrais pour les champs. Ces résultats sont les mêmes que ceux déjà obtenus dans tout ce qu'entreprennent des administrations comme celles qui nous régissent, et qui ne présentent très-souvent qu'ignorance des choses, charlatanisme, vénalité, désordre et gaspillage.

(Notes de l'auteur du présent Mémoire)

avons tous les vices et tous les inconvéniens d'une civilisation avancée et corrompue, sans avoir pu obtenir les avantages qui devraient les compenser.

Aussi, sommes-nous bien persuadé que nos nouveaux efforts seront également inutiles. Cependant, pour n'avoir rien à nous reprocher à cet égard, et dans l'espoir de nous rendre utile à notre pays, nous prenons ici l'engagement, dans l'intérêt seul de la science et de l'industrie, de répondre, par la voie des journaux scientifiques, à toutes les observations et objections qui nous seraient faites par le même moyen, et comme étant le résultat d'une critique méthodique et raisonnée sur le système que nous avons publié, ou sur le présent Mémoire soumis à l'Académie.

Dans nos écrits, très-sommaires, nous n'avons pu certaine-

---

terie sans le sérieux qu'y mettait le ministre, l'importance qu'il y attachait. C'était, disait-on, une preuve de sa sollicitude éclairée pour les Colonies.

— « Le ministère décide que M. le professeur P.... se rendra à la Martinique et à la Guadeloupe pour y faire des essais sur la fabrication du sucre. M. P.... se rend d'abord dans la première des deux colonies. Ses expériences coûtent beaucoup et n'ont pas de succès. Il ne s'en rend pas moins à la Guadeloupe pour les y répéter. Tout le monde se récriait, on disait avec raison que c'était faire une dépense inutile ; que l'expérience faite à la Martinique devait suffire ; que ce qui avait échoué dans une des îles ne pouvait réussir dans l'autre. Les chefs d'administration sentaient bien la force de ce raisonnement, mais les ordres du ministre étaient positifs ; le professeur se rend donc sur une des habitations appartenant à la colonie et y fait faire les mêmes constructions qu'à la Martinique, y répète les mêmes expériences, et y obtient les mêmes résultats ; puis il part pour la France. On est obligé de démolir promptement tout ce qu'il avait fait construire pour rétablir ce qui avait été démoli, afin de pouvoir fabriquer la récolte, et il en coûte 60,000 fr. à la colonie. » (*Du système de colonisation suivi par la France*, etc., par M. DE LA CHARRIÈRE, 1 vol. in-8°. Paris, 1832, chez Delaunay et Levavasseur ; p. 21 et 23) (*f*).

(*f*) Il nous fut fait, il y a peu de temps, les questions les plus bizarres, par des savans de cabinet, sur les moyens agricoles et autres à employer pour assurer l'augmentation de la prospérité de nos colonies et arrêter leur état de décadence. Quand nous vîmes tant d'ignorance et de présomption, sur cette partie, de la part de ceux qui se plaignaient de leur dépérissement, et qui n'avaient pas la moindre notion des causes sans nombre qui l'occasionnent, nous ne nous sentîmes pas le courage d'entrer, à cet égard, dans des explications sans doute bien inutiles, et qui n'auraient certainement pas été comprises. Nous nous contenterons donc de continuer à laisser à nos hautes capacités scientifiques le soin de dresser des instructions pareilles à celles que nous venons de rapporter, et au patriotisme de nos administrations protectrices et éclairées, l'avantage et la gloire d'en faire faire l'application.

(Note de l'Auteur du présent Mémoire sur la température moyenne).

ment tout prévoir, ni tout dire ; il restera donc beaucoup d'observations à présenter et de renseignemens à demander. Cette offre, que nous réitérons (de répondre aux objections), est dénuée de tout amour-propre et de tout pédantisme, puisque nous conserverons toujours l'anonyme (1), et que nous nous effacerons, autant qu'il nous sera possible, pour ne faire ressortir que la science, dépouillée de tout prestige et de tout charlatanisme.

Paris, le 22 Juin 1832.

NOTA. Le même jour, une copie pareille à celle-ci a été remise par l'Auteur au secrétariat de l'Académie des Sciences, à Paris.

SECONDE PARTIE.

Après avoir fait connaître, dans la première partie, la Réclamation et le Mémoire, tels qu'ils ont été adressés à l'Académie des sciences, nous allons, dans cette deuxième partie, donner quelques développemens essentiels aux faits d'abord établis, et en présenter de nouveaux, qui nous paraissent aussi intéressans et aussi concluans que les premiers. Et, sans doute, il ne sera pas inutile de faire remarquer ici que les trois commissaires nommés par l'Académie des sciences pour faire leur rapport, et qui sont MM. *Gay-Lussac, Becquerel* et *Savart,* n'ont en ce moment, c'est-à-dire plus d'un an après, encore rien prononcé, ni sur le Mémoire, ni sur la Réclamation qui le précède, malgré nos instances réitérées. Nous ne ferons aucune réflexion sur ce long silence et sur cette espèce de déni de justice ; mais nous remarquerons seulement que ce n'est pas sans étonnement que, depuis peu, nous avons vu, dans une des dernières séances de l'Académie (celle du 1er avril. *Voy.* le journal *le Temps*, du 3 avril 1833), un membre, M. Edwards, annoncer qu'il lui soumettrait incessamment un premier Mémoire, où il examinerait *les rapports de*

---

(1) Nous avions pensé pouvoir toujours conserver l'anonyme, mais nous avons dû y renoncer sur l'objection qui nous fut faite, dans les bureaux de l'Académie, que ses réglemens s'opposaient à ce qu'elle pût faire aucun examen, aucun rapport, même dans l'intérêt de la science, sur des ouvrages ou mémoires d'auteurs anonymes. C'est en vain que nous voulumes insister, on nous opposa toujours le réglement ; nous fûmes donc obligé de nous désister de notre résolution première.

la température avec la germination ; ce qui est absolument le même sujet que nous avons traité. Nous souhaitons que ce Mémoire remplisse mieux que le nôtre le but utile que nous nous sommes proposé d'atteindre, et contienne des vérités nouvelles et plus importantes que celles que nous avons présentées ; mais pourquoi le nôtre est-il mis de côté et dans l'oubli? Peut-être trouverons-nous, dans les précédens de l'Académie, le moyen de découvrir la cause de ce silence : — « En 1829, c'est-à-dire à dix-sept ans, Evariste Galois avait fait, sur la *Théorie des équations*, des découvertes de la plus haute importance. Il s'était rencontré avec Abel de Christiana, cet illustre et malheureux jeune homme, mort de misère au moment où le Gouvernement prussien venait de lui accorder une pension pour l'attirer à Berlin. Le nom d'Abel était, à cette époque, complètement inconnu à Galois ; ce qui est d'autant plus remarquable, que les propriétés des équations qu'il trouva, et qu'Abel venait de publier de son côté, forment un des plus beaux titres de gloire de ce savant; et ce que j'avance ici, je puis le prouver par le témoignage de M. Cauchy, qui se chargea de présenter, en 1829, à l'Académie des sciences, un extrait de la théorie conçue par Galois.

« Cet extrait fut perdu pour son auteur, qui le réclama inutilement au secrétariat de l'Académie ; il avait été égaré.

« Dans le mois de février 1830, Galois, alors élève à l'Ecole normale, rédigea un long Mémoire sur la *Théorie des équations*, le porta au secrétariat de l'Académie des sciences, et se fit inscrire comme concurrent pour le grand prix de mathématiques. Son dessein était principalement d'attirer l'attention des savans sur ses travaux. Il savait fort bien qu'aujourd'hui les grands prix ne sont pas décernés aux jeunes gens ; mais il ne se doutait pas alors que dix-huit ans et le titre d'élève étaient des recommandations tout au plus suffisantes pour faire rire de ses prétentions, et faire condamner, sans lecture, des conceptions tout-à-fait neuves.

« Galois espérait que son Mémoire, écrit avec conscience et détail, lui vaudrait, de la part de l'Académie, réparation de l'oubli affligeant où elle l'avait laissé l'année précédente. *Ce Mémoire fut égaré comme le premier;* et, lorsque l'auteur adressa une lettre à l'Institut pour réclamer son travail, j'entendis un grand homme, que la science pleure aujourd'hui, dire en pleine

séance : « Mais la perte de ce Mémoire est une *chose très-simple!*
« Il était chez M. Fourier, qui devait le lire, et, à la mort de
« ce savant, le Mémoire a été perdu. » Et l'Académie passa
outre.....

« Ayant été forcé de sortir de l'Ecole normale au commencement de 1831, il eut occasion de voir M. Poisson. Ce savant
invita Galois à écrire de nouveau les théories qu'il avait soumises
à l'Académie dans le manuscrit égaré l'année précédente. Ce
conseil fut suivi, parce qu'il était donné avec bienveillance.
M. Poisson se chargea de présenter le travail à l'Académie ; on
le nomma pour en rendre compte, et il vint déclarer, après
quatre mois d'attente, qu'il *n'avait pu le comprendre.*

« Quoique très-jeune, Galois possédait une vaste érudition ; il
connaissait parfaitement les travaux des mathématiciens les plus
célèbres, et s'assimilait leurs œuvres avec une facilité prodi-
gieuse. Il sentait surtout le vice radical qui s'oppose aujourd'hui
au progrès de la science. Il avait aussi le pressentiment d'une direction toute nouvelle à donner aux recherches scientifiques, etc. »
(*Extrait du feuilleton du journal le Temps, du 30 octobre 1832,
article de Nécrologie sur Evariste Galois.*)

D'après de tels faits, auxquels il nous serait facile de joindre une
infinité d'autres de la même force, il nous siérait mal de nous
plaindre de l'Académie des sciences. Il paraît que ces corporations, ces savans à livrée, sont excessivement exclusifs, et repoussent activement tout intrus doué de quelque supériorité. Il leur
faut quelques obscurités bien souples, bien niaises, que ces coteries se chargent alors de mettre en relief ; mais tout ce qui sort
de l'ornière doit être impitoyablement repoussé : telle est la
règle invariable. Cela fait honneur à notre brillante et décevante
époque. Qu'on ne nous parle donc plus des docteurs encroûtés
de la Sorbonne du siècle dernier, repoussant l'œuvre de Marmon-
tel ; ils sont aujourd'hui véritablement bien surpassés ; et nous,
qui faisons partie du vulgaire, nous devons sans doute redoubler
nos applaudissemens en faveur de ces admirables, imperturbables
et privilégiés coryphées de la science.

Lorsque, dans notre Réclamation, nous avons dit qu'il y avait
mauvaise foi et ignorance dans l'article rédigé par une coterie
scientifique, à la vérité, bien obscure et inaperçue, nous avons
omis de faire connaître une circonstance qui donne la mesure de

ce que l'on doit attendre de justice et de lumières de toutes ces associations, presque toujours dirigées par les mêmes noms, et qui ne seraient que ridicules, si elles ne jouissaient pas, aux yeux des simples, d'une certaine influence bien usurpée. En effet, cette société d'horticulture s'était chargée de faire *un rapport verbal* sur le système que nous avons publié. Or, n'eût-il pas été plus simple et plus prudent pour le rapporteur qui aura été nommé d'avouer, comme M. Poisson ci-dessus cité, qu'il n'y avait rien compris, plutôt que de mettre sous la responsabilité du corps l'impression de pareilles sottises; car son article est anonyme. Aussi bien serait-ce trop exiger que de demander que des personnes (qui sont sans doute de la même force, sur de pareilles matières, que l'auteur qui a consigné, dans le *Dictionnaire des sciences naturelles*, édit. de 1831, cette absurdité, que nous avons déjà relevée dans nos ouvrages, « qu'au bout de trois ou quatre ans, les cannes à sucre, lorsqu'elles commencent à jaunir, sont bonnes à couper ») pussent dire quelque chose de raisonnable. Mettons donc de côté, une fois pour toutes, de pareilles misères, de si dégoûtantes inepties.

Mais si la plupart des agrégés de ces corporations hétérogènes ne peuvent jamais apercevoir, au travers de leur ignorance et de leurs préjugés, le mérite d'une conception neuve et hardie, il en est d'autres dont les sens sont moins obtus, et qui, par suite d'une perspicacité instinctive, devinant la valeur de la perle jetée devant eux, savent fort bien la ramasser clandestinement, en faire leur profit, comme de chose leur appartenant ; et un pauvre auteur obscur, dont le système a été critiqué, repoussé, dont les Mémoires ont été mis dans l'oubli ou *égarés*, est quelquefois tout surpris de retrouver, long-temps après, dans de gros et riches in-folios, son ancienne proposition, son travail, bien développé, bien commenté, bien appuyé, et mis à l'abri de tout échec et sous la sauve-garde d'un nom sonore et scientifique, qui s'est, tranquillement et sans remords, approprié l'œuvre auparavant dédaignée et repoussée, et actuellement mise en honneur et en réputation par une puissante coterie (1).

---

(1) Pour s'assurer que notre assertion n'a rien d'exagéré, on peut consulter, entre autres ouvrages, la brochure de M. Raspail, intitulée, *Nouveaux coups de fouet scientifiques.* Elle fait connaître toutes les petitesses et toutes les intrigues de

Lorsque nous avons cherché à fixer l'attention de l'Académie sur le système que nous avons publié, lorsque nous lui avons jeté le défi de le contredire, et avons offert de répondre aux objections qu'elle aurait pu nous faire, ce n'est point, ainsi qu'on a pu s'en convaincre, par l'esprit, aujourd'hui si commun, de charlatanisme, que nous avons pu être dirigé. Les motifs les plus louables nous ont seuls guidé, et nous n'avons agi ainsi que pour parvenir à ouvrir plus promptement à l'Europe une nouvelle voie de haute et fructueuse industrie, voie qui lui sera peut-être encore fermée pendant long-temps. Car, nous ne pouvons nous le dissimuler, il nous arrivera sans doute à cet égard ce qui a déjà eu lieu en d'autres temps, dans des cas analogues aux nôtres ; et, sans vouloir rappeler ici ce qui s'est passé pour les Christophe Colomb et les Galilée, qu'il nous suffise de rapporter un exemple plus rapproché, cité par notre immortel Buffon, et qui prouve que toutes les coteries scientifiques passées, présentes et futures ne peuvent qu'être toujours opposées à tout système qui attaque leurs préjugés ou leurs erreurs doctorales : « Un potier de terre, dit Buffon, qui ne savait ni grec ni latin, fut le premier, vers la fin du 16ᵉ siècle, qui osa dire dans Paris, et à la face de tous les docteurs, que les coquilles fossiles étaient de véritables coquilles déposées autrefois par la mer dans les lieux où elles se trouvaient alors ; que des animaux, et surtout des poissons, avaient donné aux pierres figurées toutes leurs différentes figures, etc. ; et il défia hardiment toute l'école d'Aristote d'attaquer ses preuves : c'est Bernard Palissy, saintongeois, aussi grand physicien que la nature seule en puisse former un. Cependant, son système a dormi près de cent ans, et le nom même de l'auteur est presque mort. Enfin, les idées de Palissy se sont réveillées dans l'esprit de plusieurs savans ; elles ont fait

---

coterie qui s'élaborent dans les académies privilégiées, et la manière dont se fabriquent toutes ces grandes réputations scientifiques. Ce savant, indépendant et libre de tous préjugés (M. Raspail), rapporte comme témoin oculaire les nombreux faits et gestes de ses collègues, qui n'auront pu sans doute lui pardonner son vrai savoir, sa trop grande franchise, et son trop de conscience scientifique et politique. Quoi qu'il en soit, il a rendu un grand service au public, en mettant sous leur vrai jour des personnages que souvent on ne peut voir qu'à la parade et sous le masque du théâtre.

la fortune qu'elles méritaient. » (Buffon , *Théorie de la terre,* tom. 1er, p. 241 , édit. de Pourrat frères, 1833).

Si cela ne dépendait que des coteries scientifiques , il ne serait pas non plus étonnant que le système aujourd'hui par nous publié fût mis dans l'oubli pendant quelques siècles , nonobstant les défis portés aux corps prétendus savans ; car leur habitude est toujours la même ; ils gardent un profond silence , décrient ou mettent soigneusement à l'écart tous les écrits qui leur sont adressés, encore qu'ils fussent extrêmement utiles au progrès des sciences et de l'industrie, si ces mêmes écrits attaquent leur prépondérance usurpée , ou peuvent mettre au jour leurs préjugés, leur ignorance ou leur charlatanisme.

Mais , dira-t-on , pourquoi critiquer si amèrement les travaux partiels des botanistes anciens et modernes, des naturalistes qui nous ont donné le fruit de leurs veilles, dans l'intention sincère de contribuer au progrès de la science. — Sans doute que nous reconnaissons, comme tout autre, la supériorité du génie des Buffon, des Linnée, des Humboldt, etc.; mais, pour quelques rares génies, combien d'avortons viennent obstruer l'entrée de la vraie science , et l'environner d'erreurs et de préjugés : et ce que nous disons ici n'est que le langage déjà tenu par ces hommes d'un talent supérieur, et qui savaient dominer leur époque. Jamais les naturalistes vulgaires et à conceptions fausses et étroites, qui fourmillaient au temps de Buffon, comme dans le nôtre, ne furent mieux jugés et appréciés que par ce grand homme ; jamais personne n'a su mieux que lui en faire ressortir le ridicule et connaître les préjugés : « Un autre botaniste, dit-il, a mis dans les mêmes classes le mûrier et l'ortie, l'orme et la carotte, le chêne et la pimprenelle. N'est-ce pas se jouer de la nature et de ceux qui l'étudient. Et si tout cela n'était enveloppé de grec et d'érudition , on n'aurait pas tant tardé à en apercevoir le ridicule. — Ce grand arbre que vous apercevez, ne peut être qu'une pimprenelle : il faut compter ses étamines pour savoir ce que c'est, et comme ces étamines sont souvent si petites qu'elles échappent à l'œil simple ou à la loupe, il faut un microscope. Mais, malheureusement encore pour le système, il y a des plantes qui n'ont point d'étamines, il y a des plantes dont le nombre des étamines varie, et voilà la méthode en défaut comme les autres, malgré la loupe et le miscroscope. » (Buffon , *Manière*

d'étudier l'histoire naturelle, t. 1er, p. 47, édition de 1833, de
Pourrat frères).

Linnée, dont les trois quarts de la vie furent employés à lutter
contre des circonstances et des obstacles difficiles à surmonter,
Linnée, dont le nom se rattache à un si grand nombre de faits et
d'œuvres scientifiques en histoire naturelle, reconnut aussi plusieurs des erreurs dominantes de son époque, et même entrevit le
système que nous avons mis au jour : « S'étant rendu en Hollande,
dit l'auteur de sa vie, M. *A. L. Fée*, pour s'y faire recevoir doc-
teur en médecine, il fut présenté à Boerhaave, et bientôt, sur la
recommandation de cet illustre médecin, un riche banquier,
nommé Cliffort, le choisit pour directeur d'un magnifique jardin
qu'il avait à Hartecamp. Là, dans de grandes serres chaudes, se
trouvaient réunies beaucoup de plantes des pays tropicaux. Linnée
fit des expériences très-curieuses sur le genre de culture qui leur
convenait. Avant lui on se contentait de les entretenir dans une
température égale et de les arroser assidûment. Notre jeune botaniste pensa au contraire qu'il fallait les placer dans des circonstances semblables à celles où elles se trouvaient dans leur pays
natal ; reproduire pour elles artificiellement l'alternative de l'extrême sécheresse et des pluies abondantes qui marquent les différentes saisons dans les pays voisins de l'équateur. Par ce moyen,
il obtint de faire fleurir différentes plantes qui jusques-là n'avaient
jamais atteint en Europe leur parfait développement, et entre
autre le bananier, qu'il décrivit sous le nom de *musa Cliffortiana*. »

Depuis les expériences de Linnée, l'art de cultiver les plantes
tropicales n'a pas fait le moindre progrès. Ces végétaux sont toujours placés comme de son temps dans de grandes serres chaudes (1), tandis que si l'on eût voulu seulement remarquer ce que
pratiquent dans de pareilles circonstances les paysans les plus bor-
nés pour des plantes devenues usuelles, aussi tirées dans l'origine

______

(1) Nous avons vu, pendant cette année, en mai 1833, et par une chaleur extérieure et soutenue de 18 à 24° de Réaumur, qui est celle des tropiques, les plantes
exotiques du jardin botanique, encore renfermées et martyrisées pour ainsi dire
dans leurs serres étroites et encombrées, et continuellement arrosées surabondam-
ment et intempestivement. Comment des plantes ainsi gouvernées à contre-sens
et réduites à l'état d'avorton, pourraient-elles donner la moindre idée de leurs produits et de leur véritable nature ?

des contrées tropicales, on eût atteint, pour ces végétaux étrangers, leur véritable degré de perfection de culture dans nos climats. Mais alors il eût fallu prendre pour guide la nature, et non
ces théories savantes et erronées qui nous égarent dans de brillan-
tes, mais bien fausses routes. Il eût fallu quitter les erreurs et les
préjugés d'une fausse doctrine qui est encore aujourd'hui la seule
dominante. Car, comme le dit Buffon, ce génie que notre époque
devrait encore prendre pour guide : « *Les préjugés et les fausses*
« *applications se sont multipliées à mesure que nos hypothèses ont été*
« *plus savantes, plus abstraites et plus perfectionnées.* » (Buffon, *Ma-*
nière d'étudier l'Histoire naturelle, tome 1ᵉʳ, page 72).

Ce ne sont donc pas des analyses isolées, quoique nombreuses,
sur des points particuliers de physiologie végétale, qui pourront
faire avancer la science, si on ne sait embrasser dans son ensemble et d'un coup d'œil supérieur le système entier de la nature.
Vainement verra-t-on un savant de cabinet, un savant à livrée,
armé d'une loupe et d'un microscope et de quelques instrumens
d'électricité, faire des dissertations à perte de vue sur la structure
intérieure et extérieure d'un morceau de vigne, d'une feuille,
d'une racine, etc. ; vainement en verra-t-on un autre analyser dans
le creuset de son laboratoire tous les sucs ou extraits de quelques
corps inanimés, etc. ; vainement d'autres savans s'extasieront-ils
devant le moindre embryon ; passeront-ils leur vie à examiner
un ver, une coquille, un poisson, etc.; consigneront-ils, dans des
in-folios, leurs longues, diffuses et contradictoires observations ;
tous ces jeux puérils, quoique environnés du charlatanisme de l'é-
cole et du prestige d'un style élégant, ne sauraient soulever le voile
dont s'entoure une nature aussi infinie que majestueuse, d'une
nature qui veut être surtout étudiée autre part que dans des livres
et des cabinets. Trompant les ridicules efforts et les orgueil-
leuses prétentions de nos prétendus savans, et ne se montrant
qu'à un petit nombre d'adeptes, nous la verrons plutôt découvrir
ses secrets au potier de terre saintongeois, ou à tout autre génie
supérieur, qu'à ces hommes vulgaires et à coteries scientifiques,
qui ne savent se faire valoir qu'en se prônant mutuellement, et en
trompant le public par un charlatanisme coupable et déhonté.

Il nous eût été facile sans doute de fournir, à l'appui des principes que nous avons développés, de nouvelles et nombreuses
preuves à ajouter à celles que nous avons produites, et de présen-

ter une série de nouvelles citations et observations tirées de nos plus grands naturalistes et des voyageurs anciens et modernes les plus instruits : observations que nous sommes parvenu à rassembler, et qui toutes concourent à justifier le système que nous soutenons. Mais ce que nous en avons déjà rapporté dans nos trois précédentes brochures et dans celle-ci, doit suffire aux yeux de tout homme impartial et éclairé, pour lui prouver, qu'à l'égard des cultures en grand d'un grand nombre de plantes tropicales, la science actuelle nous a engagé dans une fausse route dont il faut se hâter de sortir. Aussi, actuellement, la nouvelle voie que nous venons d'ouvrir pourra facilement être parcourue, lors même que de faux savans voudraient encore la tenir fermée, et continueraient leur refus de soutenir la discussion sur le terrain où nous l'avons placée. D'ailleurs, l'offre que nous avons faite, dans le numéro du 24 décembre 1832 du journal *de l'Académie, de l'Industrie agricole, manufacturière et commerciale,* qui contient l'analyse de nos ouvrages, de répondre publiquement, par la voie de ce journal ou de tous autres, à toutes les objections ou observations qui nous seraient faites sur l'application de notre système, ne doit plus laisser subsister aucune difficulté aux yeux du public pour le prompt développement d'une industrie aussi éminemment utile que celle que nous lui avons indiquée.

TROISIÈME PARTIE.

Si nous n'avons pas épargné nos efforts auprès des académies et des coteries scientifiques (de ces coteries qui masquent leurs spéculations sous le prétexte de vouloir favoriser la civilisation, et qui réalisent si bien la fable des bâtons flottans), pour attirer, dans des vues d'intérêt public, leur attention sur un système dont l'exécution doit changer à notre avantage la situation industrielle, commerciale et politique de l'Europe, nous n'en avons pas fait de moins grands dans le même but auprès de ministres que nous supposions devoir prendre le plus grand intérêt à la prospérité de notre patrie. Mais que nos illusions à cet égard étaient grandes et niaises! ainsi qu'on pourra s'en convaincre par la correspondance que l'on va lire dans cette troisième partie de notre brochure. En vérité, nous sommes encore à concevoir comment nous avons pu avoir la simplicité de croire que nos ministres pussent avoir d'autres idées que les vues ambitieuses, étroites, personnelles et égoïstes dont les effets se manifestent si fortement chaque jour. Les supposer capables d'apprécier des idées grandes et utiles, c'était admettre que, dans les hautes régions du pouvoir, les vertus civiques et morales dominent ; que le désintéressement, la capacité, l'amour exclusif de la patrie sont actuellement l'apanage des sommités sociales ; c'était enfin croire que nous n'étions plus à une époque envahissante et désastreuse de fiscalité et de monopole, à une époque entièrement rétrograde. Nous avouerons donc en toute humilité nos fortes et décevantes aberrations sur le jugement erroné que nous avions cru devoir porter sur nos hommes d'Etat modernes. Nous verrons que, dans leurs attributions, ils n'ont pas moins montré d'incapacité et de mauvaise volonté que les coteries scientifiques, sur un système, il est vrai, peut-être aussi au-dessus de leur portée, et qu'au lieu d'un examen et d'une protection éclairés, nous n'avons pu également parvenir à constater, à la honte de notre époque et de ceux qui marchent à sa tête, qu'impuissance et incapacité absolues (1).

---

(1) D'autres aussi, comme nous, ont eu de bien décevantes illusions sur le mérite et la justice qu'ils supposaient être le partage et des ministres et des académies ; d'autres aussi sont revenus, comme nous, de leurs erreurs à cet égard. On ne saurait ouvrir une brochure, un journal, sans y rencontrer les documens les plus nombreux et les plus positifs sur l'incapacité et l'injustice de ces hommes haut placés en qui l'ambition et l'égoïsme absorbent tout autre sentiment. Parmi des milliers de traits qui viendraient à l'appui de notre assertion, nous en citerons un seul qui nous tombe en ce moment sous la main, et qui aura, nous l'espérons, aussi bien que tout autre, le mérite de la justesse et de l'à-propos : — « (*Voyage de découvertes autour du monde à la recherche de Lapérouse,* par M. Durville, capitaine de vaisseau). — Le commandant de l'expédition (M. Durville), qui se plaignait avec juste raison de la mauvaise composition de ses équipages et du peu d'égard des ministres pour ses réclamations et ses doléances à ce sujet, ajoute qu'il n'a pas eu à se louer beaucoup plus de l'Académie des sciences que des ministres de Charles X et de Louis-Philippe, et *qu'il est complètement désabusé des illusions de sa jeunesse touchant le mérite positif de la plupart des académiciens, surtout de leur esprit de justice.* » « Une pareille remarque, dit M. Depping, qui la rapporte, peut passer pour une hardiesse, dans un pays où les académies sont une véritable puissance et ont mille moyens de nuire à celui qui se met en opposition contre elles. » (Journal *le Temps,* du 18 mai 1833. — Feuilleton.) — Du moins, ajouterons-nous de notre côté, cette remarque de M. Durville étant juste et vraie, le place dans le très-petit nombre de ces hommes estimables qui ne savent point sacrifier leur conscience à leur ambition,

PREMIÈRE LETTRE.

Paris, le 4 octobre 1831.

Monsieur le Ministre de l'Intérieur et du Commerce.

« J'ai l'honneur de vous adresser une troisième brochure que je viens de publier sur un objet important, et dont la réussite doit avoir une grande influence sur la position politique et commerciale de l'Europe ; j'ai déjà envoyé précédemment aux différens ministères mes manuscrits et mes deux autres brochures, traitant le même sujet, sans que, je le pense, le Gouvernement ait apporté l'attention convenable pour approfondir ce que j'avais soumis à son examen. Cependant, Monsieur, il est dans les attributions spéciales de votre ministère d'examiner ou faire examiner des projets qui sont d'une utilité immédiate pour la prospérité agricole et commerciale de la France. Je sais qu'en France surtout, on a bien de la peine à parvenir à se faire seulement écouter, lorsqu'il s'agit de quelque projet à soumettre au Gouvernement et à obtenir son aide et sa protection : qu'il règne une grande prévention contre tout ce qui s'écarte de la routine ou des idées reçues et rebattues : que les réponses à attendre ne sont que l'écho de celles qui ont déjà eu lieu, ou des réponses banales telles que celles-ci, qui m'ont déjà été faites : « Je ne puis que « louer le zèle qui vous a porté à vous occuper de ce tra- « vail, etc. (*Le Ministre secrétaire d'Etat de la marine et des colo- « nies. Paris, le 4 septembre* 1829). » Ou celle-ci : « Quant au pro- « jet d'introduire en France la culture de la canne à sucre, du « cafier, etc., on ne saurait en attendre aucun succès, la tempé- « rature moyenne n'y est pas habituellement assez élevée, etc. « (*Pour le Ministre, le Conseiller d'Etat directeur, signé* DE BOISBER- « TRAND. *Paris, le* 19 *octobre* 1829). »

« Je sais encore, M. le ministre, que de grands génies, auxquels certainement je ne prétends pas me comparer, ont été éconduits et repoussés toutes les fois qu'ils ont voulu faire prévaloir des idées au-dessus de la conception ou des préjugés de leur siècle ; que Christophe Colomb en parlant aux savans et aux mi-

---

qui sont incapables de transiger avec leur devoir ou leur honneur, et qui rougiraient d'augmenter la foule de ces flatteurs bas et rampans, toujours prêts à encenser les puissans et les coteries du jour, aux dépens de la vérité.

nistres de son temps, de son nouveau monde à découvrir, fut d'abord traité de fou et de visionnaire : qu'il en fut de même pour Galilée, à cause de son système qui le fit considérer, en outre, comme un impie qui attaquait l'Ecriture-Sainte, etc., etc.; qu'arrivera-t-il donc pour moi, chétif esprit, qui dans mon système m'élève non-seulement au-dessus des *préjugés ordinaires*, mais bien plus, au-dessus des *préjugés de la science;* car elle a, outre ses erreurs, malheureusement aussi les siens, ainsi qu'on ne saurait le nier.

« Si celui qui a une conviction profonde, résultat de ses études et de ses observations, sur un sujet important, mais peu connu, se laissait abattre ou dégoûter par les refus ou les sarcasmes de ceux qui ne jugent que superficiellement les choses, ou avec les préjugés dont ils sont imbus, il est certain que bien peu de découvertes et de procédés utiles parviendraient à se réaliser et à être adoptés ; et si, au contraire, il arrive que les auteurs de ces projets réussissent enfin, quoique avec peine, à renverser de si grands obstacles, ils ne le doivent qu'à leur persévérance, et surtout à leur profonde conviction ; ils sont sans doute encore soutenus par l'espoir de se rendre utiles, en triomphant des obstacles que d'autres n'ont pu vaincre. Tous leurs efforts doivent donc tendre à porter chez les autres cette conviction dont ils sont pénétrés, afin de leur faire adopter et exécuter les projets qu'ils proposent ; leur tâche est sans doute bien difficile, mais enfin ils la remplissent quelquefois.

« C'est dans ce but, Monsieur, que sans aucune réputation scientifique ni de coterie, je me suis décidé à faire imprimer à mes frais ces ouvrages, quoique mes ressources pécuniaires ne me permettent guère de telles dépenses. C'est encore pour atteindre ce but, que je viens aujourd'hui renouveler mes sollicitations auprès de notre Gouvernement, pour qu'il accorde son attention et sa protection à un projet aussi important que celui qui a pour objet d'assurer la réussite, sur notre sol, de la *culture en grand* des productions agricoles les plus importantes des deux Indes, et qui sont les véritables richesses de ces contrées. Déjà mes écrits sur un pareil sujet ont porté la conviction dans l'esprit d'un grand nombre de personnes qui, sans doute, s'occuperont activement de réaliser mes idées ; mais qui pourrait plus que le Gouvernement donner une impulsion rapide à cette importante industrie? Laissera-t-il d'autres États prendre l'initiative, et obtenir avant lui les résultats immenses et avantageux que promet le succès d'une pareille entreprise? Si sa conviction n'est pas entière, je vous offre, M. le ministre, de répondre aux objections ou observations qui pourraient m'être faites, ainsi qu'aux renseignemens qui pourraient m'être demandés ; je vous offre encore de contribuer de tous mes soins et ma surveillance aux travaux auxquels le Gouvernement voudrait m'employer pour amener la réussite des cultures que je propose ; certes, personne ne pourrait mieux en assurer l'exécution que l'auteur du projet.

« Je désire, Monsieur, que mes vues et mes offres soient accueillies, j'aurais cru manquer à ce que je dois à mon pays, si je n'avais tenté ces nouveaux et derniers efforts auprès du Gouvernement pour le décider à encourager et à propager une industrie d'un si haut intérêt, et pour qu'il adopte le premier, des projets dont d'autres gouvernemens, mieux avisés, pourraient peut-être s'enrichir avant lui.

« C'est dans ces sentimens, et en attendant l'honneur de votre réponse, que je vous prie d'agréer l'assurance de la considération avec laquelle j'ai l'honneur d'être, M. le ministre, etc. »

Voici les réponses qui furent faites à cette lettre, adressées séparément, aux ministres de l'Intérieur, du Commerce et des Travaux publics :

DEUXIÈME LETTRE.

Paris, le 10 octobre 1831.

Monsieur,

« J'ai reçu la lettre et les trois ouvrages que vous m'avez fait l'honneur de m'adresser le 4 de ce mois, pour appeler mon attention sur la possibilité d'introduire, en France, la culture des premières productions agricoles des deux Indes.

« Je vous remercie de cet envoi, et des observations intéressantes qui l'accompagnent. Je les examinerai avec soin, et je me plais à leur reconnaître d'avance le mérite d'avoir été conçues dans un but d'utilité publique. — Agréez, etc. »

Le Président du Conseil, Ministre secrétaire d'État de l'intérieur.
Par autorisation,
Le maître des Requêtes, chargé du personnel et du cabinet.
D'HAUBERSAERT.

TROISIÈME LETTRE.

Paris, le 4 novembre 1831.

Monsieur,

« J'ai reçu la lettre que vous m'avez adressée, avec les trois brochures que vous y avez jointes, j'ai pris connaissance de ces opuscules. Vous cherchez à y établir la possibilité de naturaliser en France, la culture du coton, du café, et particulièrement de la canne à sucre ; et vous exposez les avantages que le pays en retirerait. Vous exprimez le vœu que le Gouvernement s'occupe des moyens de favoriser cette naturalisation, et qu'à cet effet il établisse une ferme expérimentale, où l'on ferait des essais de ces différentes cultures.

« Il me paraît bien douteux, Monsieur, malgré toutes les considérations que vous faites valoir à l'appui de votre opinion, que des plantes originaires, comme le café et la canne à sucre, de contrées situées entre les tropiques, puissent être acclimatées en France, et surtout qu'elles puissent y donner des produits avantageux. A l'égard du coton, qui se trouve indigène et qui est cultivé dans des pays un peu moins chauds, les essais de culture en grand qui en ont été faits, de 1807 à 1813, par les soins du Gouvernement, dans quelques-uns de nos départemens méridionaux, ont donné des résultats trop peu satisfaisans pour qu'il soit permis d'espérer que cette plante textile puisse jamais être en France l'objet d'une culture profitable.

« Par ces motifs, Monsieur, et tout en rendant justice à vos louables intentions, je ne crois pas devoir accueillir le projet de ferme expérimentale que vous me proposez.

« J'ai l'honneur, etc. »

Le Pair de France, Ministre du Commerce et des Travaux publics,   C. D'ARGOUT.

Crainte de nous répéter, nous ne rapporterons pas la correspondance que nous eûmes avec le ministre de l'intérieur d'alors (M. Casimir Perrier), mais seulement celle que nous avons suivie plus particulièrement et avec plus de persévérance, avec le Ministre du Commerce et des Travaux publics, dans les attributions duquel se trouvait plus spécialement le sujet qui faisait l'objet de nos réclamations et de nos instances. Voici la copie de la lettre que nous lui adressâmes, en réponse à la sienne du 4 novembre :

QUATRIÈME LETTRE.

Paris, le 5 novembre 1831.

M. le ministre du Commerce et des Travaux Publics.

« La réponse que vous m'avez fait l'honneur de m'adresser, en date du 4 de ce mois (N° 10506), me prouve que votre bureau d'agriculture n'a pas bien compris le systême que je lui avais soumis et sur lequel j'espérais parvenir à attirer l'attention et les encouragemens de notre Gouvernement ; car en lui adressant, M. le Ministre, ma lettre et les trois brochures qui l'accompagnaient, je pensais atteindre plusieurs buts : le premier et le plus utile, celui d'obtenir du Gouvernement une protection immédiate et suffisante pour favoriser le développement d'un systême aussi nouveau qu'important ; le second, d'amener au moins le Gouvernement à établir préalablement une discussion raisonnée et éclairée sur des objets d'économie publique et politique d'une aussi haute utilité que ceux qui lui étaient soumis : discussion qui n'aurait pu qu'être avantageuse à la science et à l'industrie agricole ; enfin le troisième qui m'est entièrement personnel, et qui paraît être le seul que j'atteindrais, était de pouvoir constater par le rejet des deux premiers, l'inutilité de mes efforts auprès du Gouvernement.

« Pour motiver le refus de toute protection en faveur du développement de mon systême, votre bureau d'agriculture se fonde sur ce « qu'il paraît *douteux*, malgré toutes les considérations que j'ai pu faire valoir, que la canne à sucre et le café puissent être acclimatés en France, et surtout y donner des produits avantageux. Qu'à l'égard du coton qui se trouve indigène, les essais de culture en grand, précédemment faits, ne permettent pas d'espérer que cette plante puisse jamais être en France l'objet d'une culture profitable. »

« Quoique ces objections ne répondent à rien, et ne consistent que dans les mêmes généralités que j'ai déjà combattues, je remarque avec plaisir que le préjugé à cet égard a déjà quelque peu diminué, puisque le mot *impossible* est remplacé par celui de *douteux*. Sur ce qui concerne la culture du coton, je suis, M. le Ministre, du même avis que votre bureau, puisque j'ai soutenu que tant que cette culture ne serait pas *popularisée*, elle serait onéreuse.

« Voilà donc le point où en est actuellement cette question, et c'est absolument le même que celui où je l'ai trouvée, lorsque j'ai essayé de combattre les préjugés qui l'environnaient et qui sont encore les mêmes en ce moment. Ainsi, elle n'a fait aucun progrès et n'en ferait probablement pas, par suite des nouveaux documens que j'ai pu donner, si des circonstances plus favorables ou l'industrie particulière ne la tiraient enfin de l'obscurité où elle se trouve. Je ne saurais cependant m'étonner, en aucune manière, des obstacles que rencontrera l'admission de mon système ; je les ai prévus, et plus ils seront grands, plus mon amour-propre sera flatté si je parviens à les vaincre. J'aurais bien plus lieu d'être surpris si je n'en éprouvais pas ; et vous-même, M. le Ministre, vous conviendrez qu'il en a toujours été ainsi à l'égard des projets les plus difficiles comme les plus faciles à exécuter, lorsqu'ils sont repoussés par les préjugés ; il n'est pas jusqu'à la pomme de terre qui n'ait éprouvé, dans l'origine, les plus grands obstacles pour son admission dans la culture en grand, comme plante alimentaire éminemment utile et avantageuse.

« Sous le rapport du second but que je me proposais d'atteindre, vous ne sauriez disconvenir, M. le ministre, qu'il était aussi facile qu'utile au Gouvernement de le remplir. Certainement il ne manque pas de sociétés savantes et spéciales sur les matières que j'ai traitées. J'aurais reçu leurs objections et leurs observations avec le plus grand intérêt, pourvu qu'elles eussent été précises et méthodiques, et que j'eusse eu la faculté d'y répondre ; la science, je le répète, n'aurait pu que recevoir de nouvelles lumières de cette discussion. Il me semble aussi, M. le Ministre, que votre bureau d'agriculture a entièrement perdu de vue le résultat le plus important de mon système, qui est l'introduction dans notre agriculture de plusieurs racines alimentaires, supérieures à la pomme de terre, et d'une culture plus facile et plus avantageuse. Ce projet valait bien la peine, je crois, de ne pas passer inaperçu.

« Quoi qu'il en soit de la décision prise par votre ministère, je ne chercherai point à la faire changer. S'il pense que je me sois fait illusion dans le système que j'ai présenté, je dois être convaincu, dès à présent, que la plus fausse de mes illusions ne se trouve point dans les projets éminemment utiles que j'ai publiés et que j'ai soumis au public, mais plutôt dans le jugement trop favorable que j'ai pu porter sur notre époque ; j'aurais dû me rappeler, que les siècles sont avares de Sully et de Henri IV. — J'ai l'honneur, etc. »

Depuis cette lettre, et plus d'un an après, comme on avait l'air de s'occuper davantage de l'industrie et de la prospérité de la France, nous crûmes, mais bien à tort, l'occasion plus favorable pour rappeler l'attention du Ministre du Commerce et des travaux publics sur les objets importans dont nous l'avions déjà si inutilement entretenu. C'est pourquoi nous lui écrivîmes la lettre du 31 décembre 1832, qu'on va lire.

CINQUIÈME LETTRE.

Paris, le 31 décembre 1832.

Monsieur le Ministre du Commerce et des Travaux publics.

« J'ai eu l'honneur de vous faire parvenir dans le temps les ouvrages dont je vous envoie de nouveau aujourd'hui l'analyse imprimée, en vous réitérant ma prière de faire examiner et discuter, s'il est possible, par vos bureaux d'agriculture, le systême important que j'ai mis au jour. Quoique vos réponses précédentes, en date des 28 octobre et 4 novembre 1831, me laissent bien peu d'espoir, que cet examen, que je réclame si instamment, et qui est cependant dans les attributions de votre ministère, puisse jamais avoir lieu, je viens encore le solliciter dans l'intérêt de la science et de l'industrie ; et quel que soit le résultat de mes démarches, il sera toujours utile, car, lors même que je n'obtiendrais que les mêmes refus ou dédains, il m'importe d'avoir des matériaux suffisans pour constater l'impuissance, l'incapacité et la mauvaise volonté de ceux qui sont préposés pour faciliter le développement de la science et de l'industrie. D'ailleurs, mon système doit se grandir des obstacles de ce genre. Si les Christophe Colomb et les Galilée n'eussent pas éprouvé, pendant long-temps, pour toute réponse à leurs systêmes, les refus, les dédains et même les persécutions des puissans et des prétendus savans de leur époque, jamais les propositions qu'ils avaient mises au jour et qui renversaient les préjugés alors reçus, mais qu'un écolier de 12 ans pourrait aujourd'hui facilement expliquer et résoudre (sans ces obstacles et ces circonstances, dis-je), jamais ces mêmes propositions ne leur auraient valu un brevet d'immortalité. Jugez, Monsieur, de la satisfaction que je dois éprouver, lorsque, pour toute réponse à mon système, je n'obtiens des puissans et de certains savans du jour, qne ces seuls mots, *erreurs*, *chimères*, au lieu de l'examen ou de la discussion méthodique et raisonnée que je ne cesse de leur réclamer. Ils ne sauraient donc davantage flatter mon amour-propre. Mais je dois le mettre de côté et employer tout les moyens en mon pouvoir, dans l'intérêt de mon pays et du bien-être général, pour leur dessiller les yeux et les faire sortir des épaisses ténèbres dans lesquelles ils persistent à demeurer, sur le système et les vérités nouvelles que j'ai publiés. Sans doute que la presse, et la publicité qu'elle procure, continueront à me fournir des moyens, qui, à la fin triompheront de tous les obstacles ; aussi, c'est dans cette intention que je réunis sans bruit tous les jours de nouveaux matériaux. Je ne me dissimule pas, néanmoins, les difficultés que j'ai à vaincre ; je sais que s'il est des époques où les gouvernemens sont à la tête de la civilisation et de l'industrie, il en est d'autres où ils redoutent leurs progrès. Je sais aussi que la fiscalité, les monopoles, l'agiotage des fonds publics, craignent tout ce qui pourrait déranger leurs perfides combinaisons et leurs désastreux effets ; je sais qu'il est des temps qui produisent de grands ministres, qui ont de grandes vues, de grandes et utiles conceptions, tandis qu'il est d'autres époques qui ne produisent comme la nôtre, que.... ce que nous voyons. Mais qu'importe, plus les obstacles sont nombreux et difficiles, plus il y a de mérite à les vaincre.

« Vous pouvez, M. le ministre, plus que tout autre, par votre rang et votre position, contribuer à applanir ces difficultés. Pour y parvenir, il est même de votre devoir et dans vos attributions d'y apporter tous vos soins et votre attention. C'est donc à ces titres, et à ces derniers titres seuls, que je viens réclamer, sinon votre propre examen, du moins celui de la personne la plus capable de vos bureaux d'agriculture, d'entrer dans une discussion approfondie et raisonnée sur une pareille matière.

« Bien des gens me soutiennent que je suis encore dans l'illusion, en présumant que l'on pourra faire droit à ma nouvelle demande. Cependant, je ne puis croire qu'il soit ni impossible, ni très-difficile de se livrer dans vos bureaux à un pareil examen, surtout lorsqu'un superbe rapport m'a prouvé, depuis peu, qu'aucune branche d'industrie et d'économie politique n'était étrangère à votre important ministère, et m'a convaincu que le rédacteur de ce rapport avait mis bien plus de tact et d'esprit que tous ses prédécesseurs, pour faire avec art concevoir au peuple de belles espérances pour l'avenir. Je crois aussi me rappeler que pour un semblable Mémoire, Gilblas reçut autrefois une récompense de trois cent pistoles du comte d'Olivarès, alors ministre d'Espagne.

« Je suis donc bien fondé, Monsieur, à espérer que vous ne dédaignerez pas de m'accuser réception de la présente, en m'annonçant que vous donnerez des instructions pour que l'on s'occupe incessamment de l'examen que je réclame.

« J'ai l'honneur, etc. »

Cette lettre étant restée sans réponse, et un revirement s'étant opéré dans le ministère, pour faire passer M. Thiers, alors ministre de l'Intérieur, au ministère des Travaux publics et du Commerce, et donner au contraire, à M. d'Argout, le portefeuille de l'Intérieur, nous espérâmes être plus heureux auprès du nouveau ministre du Commerce, et lui adressâmes en conséquence la lettre suivante :

SIXIÈME LETTRE.

Paris, le 14 janvier 1833.

Monsieur le nouveau Ministre du Commerce et des Travaux publics.

« Je viens soumettre de nouveau à l'examen impartial et éclairé de votre ministère, le système important que j'ai mis au jour et dont l'exécution doit avoir l'influence la plus favorable pour l'accroissement de la prospérité commerciale, agricole et industrielle de la France.

« Déjà ce système a subi, depuis plus de deux ans, l'épreuve de la publicité, et n'a trouvé jusqu'à présent que des approbateurs ; car, plus heureux que Christophe Colomb, j'offre de procurer à mon pays, sans guerres ni dépenses, les productions agricoles les plus utiles et les plus importantes des deux Indes, productions qui sont, sans contredit, leurs véritables richesses.

« Pénétré de la certitude et de la facilité d'exécution de mon système, j'ai d'abord cherché à propager dans le public, la conviction que j'avais acquise par mon expérience et mes observa-

tions ; ensuite , j'ai offert, comme j'offre encore , à toutes les sociétés savantes de répondre à leurs objections , à leurs observations , ainsi qu'à toute critique méthodique et raisonnée... J'ai
même cherché à provoquer, par tous les moyens qui étaient en
mon pouvoir, l'attention et la sollicitude du Gouvernement.
Ecoutez, examinez, discutez, et prononcez , tel est le langage que
je ne cesse de tenir.

« La préoccupation du siècle, l'importance des événemens politiques, ont, sans doute , je le pense , été jusqu'à présent les principaux obstacles qui ont empêché le Gouvernement de porter son
attention protectrice et bienveillante sur un sujet qui la mérite
cependant au plus haut degré. Aujourd'hui , rendu à la paix et à
la tranquillité , il s'empressera mieux qu'auparavant , je l'espère,
d'accueillir et de protéger efficacement un projet qui tend à procurer au peuple une plus grande masse de substances alimentaires, et des travaux qui , je puis le dire, sont les plus utiles ,
puisqu'ils se rattachent au premier des arts, l'agriculture.

« Mais pour obtenir promptement de pareils avantages, pour
donner une impulsion rapide et décisive sur un point aussi important, il est nécessaire, je le répète , d'avoir le concours et la
protection du Gouvernement ; à cet effet , je vous offre , M. le
ministre , après avoir répondu préalablement, si vous le jugez
convenable, soit verbalement, soit par écrit , aux objections et
observations que vous croiriez devoir faire , sur un système aussi
nouveau qu'utile, comme est le mien , et qui heurte, fortement,
j'en conviens, les préjugés actuels de la science ; je vous offre,
dis-je , de réaliser, par l'expérience, et sur un terrain de peu
d'étendue, que le Gouvernement voudrait concéder, la théorie que
j'ai avancée.

« Il appartient à la France, plus qu'à tout autre Etat, de ne pas
se laisser devancer dans une industrie aussi importante , et qui
sera bientôt toute européenne. Déjà la Suède , en propageant
chez elle, depuis peu, la culture des mûriers, pour élever des vers
à soie , a prouvé ce que peut l'industrie agricole dégagée des préjugés scientifiques, et protégée par un ministre éclairé. Il en coûte,
je le sais, pour faire le sacrifice de vieilles erreurs , et l'amour-
propre de certaines capacités scientifiques en est violemment of-
fusqué ; mais faut-il , par déférence à leurs préjugés, renoncer à
tout progrès ?

« J'indiquerai donc, comme moyen d'exécution le moins coûteux et le plus avantageux, pour assurer la réussite du projet que
je propose, le terrain attenant au jardin du Luxembourg (autrefois la pépinière), qui, je crois, est en ce moment abandonné.
Placé sous les yeux et la surveillance, ce lieu deviendrait, pour la
capitale et pour la France entière, un modèle et une pépinière
(pour la culture en grand et sans le secours des serres chaudes) des
plantes et des racines alimentaires les plus utiles et les plus avantageuses des tropiques, parmi lesquelles je place en première ligne
la canne à sucre, le café et le coton, et, parmi les racines, l'igname et le manioc. Une infinité d'autres plantes utiles et d'agrément, de ces contrées, y seraient successivement ajoutées ; et, au
moyen des voyages que font nos bâtimens de l'État dans nos différens établissemens d'outre-mer, il serait facile et peu dispendieux de se procurer les plants nécessaires.

« Le minstre et le souverain qui les premiers éleveront un pareil monument à la gloire et à la prospérité de la France, méri-
teront sa juste reconnaissance, et obtiendront un titre réel à ses
hommages et à son affection.

« Puissiez-vous, M. le ministre, concevoir toute l'importance
et l'utilité de la réalisation du projet que je vous soumets, et
puissé-je avoir le bonheur et le mérite de contribuer particulièrement, et autant qu'il dépendra de moi, à son exécution et à sa
réussite. Ce sont les vœux que je forme de tout mon cœur, en y
ajoutant ceux que je fais pour la gloire et la prospérité de ma
patrie.

« Veuillez les agréer ainsi que l'expression du dévoûment avec
lesquels j'ai l'honneur d'être, etc. »

« *P. S.* Je joins à la présente, la notice extraite du journal de
l'Académie, qui contient l'analyse abrégée de mon systême et
de mes ouvrages ; j'ai déjà remis ceux-ci à votre ministère. »

Nota. A la lettre ci-contre, du 14 janvier, nous crûmes devoir
joindre la note explicative ci-après :

« L'auteur des ouvrages et mémoire rappelés dans l'analyse de
l'Académie de l'Industrie jointe à la présente, demande qu'il lui
soit accordé un espace de terrain, à Paris (celui abandonné du
Luxembourg, par exemple), pour y professer publiquement un

cours raisonné de *culture-pratique*, et sans l'emploi des serres chaudes, des plantes exotiques intertropicales les plus utiles, et particulièrement de plusieurs racines alimentaires supérieures à la pomme de terre.

« Ce cours aura pour but de démontrer la facilité et les avantages de l'introduction de la *culture en grand* de ces mêmes plantes dans nos latitudes tempérées.

« Cet établissement, éminemment utile et peu dispendieux, manque à la gloire de la capitale de la France ; il offrirait aux régnicoles et aux étrangers le puissant attrait d'études aussi nouvelles qu'importantes, et servirait à détruire les préjugés et les erreurs actuels de la science.

« Indépendamment des ouvrages et mémoires publiés par l'auteur, et qui font connaître et le but et l'ensemble de son système, il offre, avant tout, de répondre à toute discussion méthodique ou à toutes les objections qu'on jugerait convenable de lui adresser.

« Il fait des vœux pour que le ministre actuel veuille rattacher son nom à la grandeur d'une conception aussi glorieuse qu'utile, et qui doit faire époque dans les Annales de la science et de l'industrie. »

SEPTIÈME LETTRE.

Paris, le 25 janvier 1833.

Monsieur,

« Par deux lettres des 31 décembre et 14 de ce mois, vous insistez sur l'idée d'introduire en France la culture en grand de la canne à sucre, du coton, du café et des autres productions équinoxiales. Pour en démontrer la possibilité, vous demandez des facilités, et notamment la remise en vos mains de l'ancienne pépinière du Luxembourg. Mais cet enclos n'est nullement à ma disposition, et je n'ai pas d'autre terrain cultivable dépendant de mon ministère.

« En rendant justice à votre zèle pour enrichir l'agriculture de produits nouveaux, je dois cependant vous faire remarquer que la réussite même de quelques essais dans un petit espace ne conclûrait rien pour les cultures en grand, et surtout ne prouverait pas que les productions qu'on parviendrait à obtenir pussent revenir à des prix capables de soutenir la concurrence dans le commerce. J'ajouterai que la culture du coton a été tentée avec de grands soins, de grands frais, dans les circonstances les plus encourageantes : et l'on n'a pu obtenir aucune réussite ; quant au sucre, il est difficile d'espérer d'établir celui de cannes que l'on cultiverait e n France à aussi bon marché, soit que celui que nous recevons d e nos colonies, soit que celui que nous tirons d'une plante indigène comme la betterave. Quoi qu'il en soit, dans des tentatives de cette nature, le Gouvernement ne peut embrasser toutes les espérances des particuliers et se charger de les réaliser.

« Recevez, Monsieur, l'assurance de ma parfaite considération. »

Le Ministre Secrétaire d'État au département du Commerce et des Travaux publics.   A. THIERS.

Enfin, on va lire la dernière lettre en réponse à la précédente, et qui sans doute termine pour long-temps une correspondance qu'il serait désormais bien inutile de renouveler.

HUITIÈME ET DERNIÈRE LETTRE.

Paris, le 27 janvier 1833.

Monsieur le Ministre du Commerce et des Travaux publics.

« Dans la réponse que vous m'avez fait l'honneur de me transmettre, en date du 25 de ce mois, j'ai bien trouvé quelques objections et un refus sur les projets que j'avais soumis à votre examen, mais je n'ai point vu la solution des questions principales qui devaient faire l'objet de votre décision : c'est pourquoi je viens de nouveau vous retracer mes idées dans la crainte de n'avoir pas été bien compris.

« Et d'abord, vous ne parlez point des racines alimentaires, en tout supérieures à la pomme de terre, que je soutiens être d'une culture aussi facile que celle de cette dernière plante. C'est cependant là le point le plus important de mes projets, celui de parvenir à assurer au peuple une plus grande masse de substance alimentaire aussi saine qu'abondante. Ensuite, vous ne parlez point non plus des plantes tinctoriales, si diverses des deux Indes, qui seraient aussi introduites dans notre agriculture et employées dans nos arts : c'est encore là le point le plus important de mon système.

4

« Mais bien plus, Monsieur, vos bureaux n'o nt pas même saisi l'ensemble ni les résultats de mes projets. En effet, ce n'est point parce que je pense que, dans les entreprises que je propose d'exécuter, « le Gouvernement puisse embrasser toutes les espérances des particuliers, et se charger de les réaliser », que je fais un appel à sa sollicitude et à son attention, mais bien parce que, dans tous les temps, les Gouvernemens bien organisés ont toujours, dans leur propre intérêt, protégé tout ce qui peut contribuer à l'augmentation de leur prospérité.

« Or, ici je soutiens, et offre de prouver de la manière la plus victorieuse, que ce n'est que par suite des erreurs et des préjugés scientifiques actuellement existans que nous ne possédons pas la *culture en grand* du plus grand nombre des plantes intertropicales les plus utiles, culture qui serait aussi facile que celle de nos plantes les plus communes et les plus usuelles. Sous le rapport scientifique, j'offre d'abord de répondre à toute discussion méthodique et raisonnée, et de faire taire toutes les objections, de lever tous les doutes. Ceci est un préliminaire que je tiendrais beaucoup à remplir; mais on ne fait aucun compte de mes sollicitations ni de mes provocations réitérées à cet égard.

« Ensuite, si j'offre au Gouvernement, à ma patrie, d'exécuter sur un terrain de peu d'étendue et presque sans frais, un système aussi important, c'est parce que j'ai dû croire qu'un établissement de ce genre serait pour lui un monument de gloire et de prospérité qu'il devrait s'empresser de réaliser; c'est parce que j'ai pensé qu'un Gouvernement qui accorde annuellement 5 millions pour l'encouragement de la pêche de la baleine et de la morue, près de 7 millions pour l'encouragement de l'exportation des sucres raffinés, qui fait des dépenses immenses en hommes et en argent, et en pure perte pour des fermes-modèles, à Alger, etc., ne pouvait, sans se déconsidérer, refuser quelques encouragemens très-minimes pour des objets d'une utilité bien plus générale, plus solide et plus avantageuse; enfin, c'est parce que j'ai voulu lui épargner la honte de voir former ailleurs que chez lui, un jardin et une pépinière de naturalisation qui lui manquent, et qui doivent être un monument aussi glorieux qu'utile pour l'avancement de la science et de l'industrie : car, le Gouvernement, en refusant d'accorder pour cet objet un terrain et quelques encouragemens, se montre bien certainement au-dessous de simples particuliers qui me les ont déjà offerts.

« Pour vouloir concourir à l'exécution d'un pareil système, pour en concevoir les immenses résultats, il faut être, je le sais, dominé par des principes de gloire et de prospérité envers sa patrie ; il faut avoir le sentiment du grand et du beau, bien rare dans notre siècle ; je n'accuse certainement personne particulièrement, mais je puis bien m'en prendre à notre époque, qui, comme je le dis dans un de mes ouvrages : « se croit si avancée, et n'est malheureusement qu'une époque d'enfance et d'aberration. »

« Sans doute, lorsque je parle de mon système, je le fais avec quelque orgueil ; mais de la modestie dans une pareille circonstance pourrait être prise pour un orgueil déguisé. D'ailleurs, si je n'avais pas le sentiment de mes forces, je ne serais pas fort. Cependant je ne saurais être exclusif ; partout où je rencontre de la grandeur et du génie, je l'admire et sais l'apprécier, et je ne suis pas sans avoir pu reconnaître le mérite supérieur de notre moderne Tacite, qui, tout en m'instruisant sur l'histoire de mon pays, me fait faire un cours de morale et de haute philosophie.

« Je me suis éloigné de mon sujet et j'y reviens. Si le Gouvernement veut se refuser à l'examen et à la protection que je lui réclame, il en est certainement le maître, et tous mes efforts et toutes mes raisons ne pourraient l'y contraindre ; mais qu'il cesse de s'appuyer sur des prétextes dont il n'a même pas besoin, ou sur des motifs spécieux et plus qu'insignifians. Puis-je, en effet, considérer autrement les objections banales qu'il réitère chaque fois, sans faire attention qu'elles sont déjà réfutées dans mes ouvrages. J'ai déjà donné les causes qui ont dû empêcher la propagation de la culture du coton en France, malgré tous les grands soins et tous les grands frais employés par le Gouvernement. Quant à l'objection que la canne à sucre ne fournirait pas en France des produits plus abondans et plus avantageux que ceux de la betterave, c'est précisément la question que je développe dans un sens contraire. Enfin, sur celle « que la réussite même « de quelques essais dans un petit espace ne conclurait rien pour « la culture en grand, et surtout ne prouverait pas que les pro- « ductions qu'on parviendrait à obtenir pussent revenir à des prix « capables de soutenir la concurrence dans le commerce, » il y a erreur et contradiction, parce qu'il est évident que sur un petit espace et comparativement avec un autre de même étendue cultivé en betteraves, on peut de suite s'assurer exactement de la différence des produits.

« Je termine cette lettre, déjà trop longue, et que vos nombreuses occupations vous permettront à peine de parcourir, en
vous réitérant l'assurance que mes propositions restent dans toute
leur intégrité de grandeur et d'utilité, et en formant de nouveaux
vœux pour qu'elles soient adoptées. Cela ne m'empêchera pas de
réunir encore d'autres matériaux pour assurer, autant qn'il dépendra de moi, les progrès de notre industrie, et de faire connaître
bientôt un moyen aussi simple qu'efficace pour faire faire
des progrès rapides à notre agriculture sans qu'il en coûte rien au
Gouvernement.

« C'est avec cet espoir et ces sentimens que j'ai l'honneur
d'être, etc. »

CONCLUSION.

Il serait sans doute inutile d'ajouter de nouveaux faits à ceux
que nous venons de faire connaître. Cependant, nous pouvons encore assurer que nous n'avons pas épargné nos démarches auprès
d'autres ministres, d'autres personnages influens et d'autres capacités scientifiques, avec tout aussi peu de succès. Partout nous ne
sommes parvenu qu'à constater impuissance ou incapacité radi-
cales, et malgré toutes nos démarches, nous n'avons pu obtenir
que de pareils résultats qui nous ont obligé d'apposer à notre
époque le seul cachet qui lui convînt : car, nous le répéterons, tous
les refus qui ont été opposés à notre sollicitude pour procurer à
notre patrie de nouveaux moyens de prospérité, ainsi que ces mots
vagues : *erreurs*, *chimères*, pour seule réponse à notre système,
ne peuvent être, nous ne l'ignorons pas, que des titres flatteurs
pour notre amour-propre. Mais pourquoi faut-il rougir de la
gloire que nous procure notre siècle ? S'il nous grandit, n'est-ce
pas par son ignorance et sa turpitude ? Pourquoi n'est-il pas capable d'un examen ou d'une discussion que nous ne cessons de lui demander ? Faudrait-il donc, d'après cela, désespérer des progrès
de l'humanité ? Non, sans doute, s'ils sont quelquefois retardés et
plus lents qu'à d'autres époques, ils ne doivent pas moins se réaliser. Il est vrai que les générations impatientes souffrent de ces
retards occasionnés par la fausse direction donnée à la société
par ceux chargés de hâter les développemens de l'industrie et de
la civilisation. Il est vrai que la lutte que ces générations sont
obligées de soutenir, pour vaincre des résistances coupables, fruits

de l'égoïsme et de faux calculs, peut être quelquefois longue et pénible ; mais n'ont-elles pas toujours en leur faveur la justice et le temps ?.... D'ailleurs, l'heureuse influence d'une presse indépendante, ce grand lévier de civilisation, ne leur fournit-elle pas un moyen assuré pour renverser bien des obstacles, déjouer bien des complots ?

Nous terminerons notre travail en rapportant, parmi les analyses qui ont été faites de nos ouvrages, deux de celles qui ont été insérées dans les journaux quotidiens, non pas parce que ces analyses nous sont très-favorables, mais bien parce qu'elles sont conçues dans des termes qui annoncent une grande indépendance d'opinion, et qui font connaître plus particulièrement le but et le résultat de nos travaux. Nous ne craignons pas non plus de faire remarquer, que, s'il est quelquefois facile d'obtenir de la presse quotidienne un panégyrique flatteur sur des conceptions littéraires et de goût, il n'en saurait être de même lorsqu'il s'agit de rendre compte de travaux scientifiques qui ne peuvent être appréciés valablement que par une analyse rigoureuse et pour ainsi dire mathématique, surtout, lorsque le nom de l'auteur, sans influence personnelle ni de coterie, est entièrement mis à l'écart, pour ne s'occuper que de son système.

Cependant, avant de transcrire ces extraits, nous ne pouvons nous empêcher d'ajouter encore quelques réflexions qui naissent forcément du sujet qui nous occupe. Il est sans doute pénible de parler beaucoup de soi-même, et l'auteur d'un ouvrage, et surtout d'un ouvrage scientifique de la nature du nôtre, sent combien l'individualité doit disparaître devant l'intérêt qu'inspire le sujet traité. Aussi le public pourra remarquer que nous nous sommes effacé autant qu'il nous a été possible, puisque, dans ce but, pour nos précédens ouvrages comme pour celui-ci, nous avons toujours gardé l'anonyme. Mais si de nombreux faits particuliers et personnels résultent des continuels et vains efforts faits par l'auteur pour attirer sur son système l'attention qu'il mérite, si ces faits deviennent en quelque sorte historiques, et sont envisagés comme ils doivent l'être sous un point de vue de haute morale et de haute philosophie, s'ils constatent les obstacles sans cesse renaissans, qu'à toutes les époques rencontre l'esprit humain lorsqu'il veut faire admettre une conception juste et éminemment utile, mais qui attaque la routine et les préjugés scientifiques de son temps, alors ces faits et les réflexions qui les accompagnent devront nécessairement présenter un grand intérêt au public. Ils se lient donc étroitement et indispensablement au sujet qui a été traité, et l'on ne peut qu'approuver les vues et les intentions de l'auteur, qui s'est trouvé dans la nécessité de les rapporter.

On le demande, ne sera-ce pas, par exemple, un monument historique et curieux, dans la suite, et lorsque enfin la vérité se sera fait jour, que des documens comme les nôtres, qui constateront que, dans un siècle prétendu de lumières, tel que celui-ci, dans un siècle où les académies et les institutions scientifiques fourmillent, l'auteur de la proposition scientifique et industrielle la plus utile et la plus féconde dans ses résultats qui ait jamais parue, n'ait pas seulement pu parvenir à faire examiner ou discuter, ni par les sociétés scientifiques, ni par des ministres éminemment intéressés dans la question, cette même proposition, quoiqu'il la leur eût présentée sous des formes qui ne leur permettaient pas de garder le silence sans se couvrir de honte ; et cependant le plus profond silence a été gardé et par les uns et par les autres. Car ces réponses triviales des ministres, que nous avons citées, ne sont ni un examen ni une discussion, mais en constatent seulement le refus ; elles constatent encore un fait que l'on aurait de la peine à croire, si rien pouvait étonner de leur part ; jamais ils n'ont voulu envisager notre projet sous son point de vue le plus utile, le plus philantropique, sous celui de l'introduction dans notre agriculture de racines alimentaires beaucoup supérieures en produit et en qualité à la pomme de terre, et qui seraient d'une culture facile dans nos climats : racines entièrement inconnues et dans nos jardins botaniques et ailleurs (1). Les résultats immenses

______

(1) Veut-on savoir comment nous avons trouvé, entre autres, la culture de l'igname pratiquée au jardin botanique de Paris? Cette racine, ou plutôt ces racines dont la tige extérieure ressemble beaucoup à celle du houblon, étaient placées et réunies au nombre d'une *centaine de plants ou tubercules,* dans une moitié de barrique coupée par le milieu, d'un demi-mètre de diamètre sur 3/4 de profondeur, remplie de terre et servant de vase et enfoncée rez-terre dans le jardin. Les nombreuses tiges, comme celles du houblon à la hauteur de 8 à 10 pieds, formaient une touffe épaisse soutenue au milieu par plusieurs échalas ; de sorte que les racines ou *tubercules* qui sont le résultat et le but de la culture de cette plante, et qui peuvent atteindre, ainsi que nous l'avons prouvé plus haut, et que nous les avons plusieurs fois récoltées, un poids énorme de 40 à 50 livres, devaient être dans la situation où on les

et avantageux que pourrait obtenir la classe la plus pauvre et la plus nombreuse du peuple, en s'assurant par ce moyen de nouveaux élémens de travail et de nouvelles subsistances alimentaires aussi

---

avait ainsi placé, tout au plus de la grosseur des noisettes, si toutefois il y avait même de ces tubercules qui fussent formés. C'est absolument comme si l'on avait voulu réunir dans le même espace de terrain d'un pied 1/2 de diamètre, une centaine de plants de citrouilles ou potirons; qu'on juge dans ce cas, si l'on n'eût pas connu cette dernière plante, comment on aurait pu s'en faire une bien juste idée. Voilà un échantillon de la science privilégiée! .... Mais aussi n'y avait-il pas à côté de ces plants d'*ignames*, l'inscription latine usitée : « *Dioscorea alata*, Linn., etc. » Que peut-on désirer de plus et de mieux ? *Sempre bene.*

Cependant, rendons justice à nos naturalistes modernes, ils sont en progrès. Autrefois (il y a à peu près 20 ans), si quelqu'un leur eût dit qu'il serait peut-être facile et avantageux de continuer à reporter un peu plus au nord la culture des mûriers, par exemple, et de faire de nouveaux essais, ils vous répondaient gravement, en désignant sur la carte un degré de latitude fixe, soit le 44ᵐᵉ : « Voici la *ligne* de la culture des mûriers, elle ne peut être dépassée », et savans, administrateurs et ministres, de répéter en chœur : « Voici la *ligne* de la culture des mûriers, etc. » Il est bien vrai que sur cette fameuse ligne ainsi doctement et positivement indiquée, il y avait beaucoup d'angles rentrans et sortans dont on ne tenait nul compte : mais bagatelle ; une simple et sèche affirmation avait l'air plus doctorale ; *verba magistri.*

Aujourd'hui, ce n'est plus cela ; on a abandonné l'ancienne formule pour lui en substituer une nouvelle qui parait plus savante, mais qui n'est pas moins fausse que la 1ʳᵉ, ainsi que les faits et les citations nombreuses que nous avons rappportés , sans compter celles que nous pourrions encore ajouter , le prouvent de la manière la plus palpable et la plus évidente. On vous répond donc : « La *température moyenne* n'est pas assez élevée, etc. », puis encore, on établit la distinction, dans un grand nombre de cas, aussi sotte que puérile, *des plantes indigènes* avec les *plantes exotiques*, comme si le *blé*, le *chanvre*, le *lin*, la *vigne*, la *betterave*, etc., etc., n'étaient pas aussi, pour l'Europe entière, des *plantes exotiques*, tirées dans l'origine des contrées méridionales; et l'on vous répond encore gravement: « La betterave étant une *plante indigène*, tandis que la *canne*, etc. » Ainsi, à d'anciennes erreurs beaucoup plus simples on en a substitué de plus compliquées , qui paraissent appuyées sur la science (fausse science), et qui, par conséquent, sont bien plus difficiles à détruire. D'où l'on peut conclure que la nature, infinie dans sa durée comme dans le nombre et la diversité de ses phénomènes et de ses productions, est une impertinente, de donner sans cesse des démentis à nos savans de cabinet, qui s'imaginent pouvoir la circonscrire au moyen de leurs petites idées et de leurs petites et stériles observations.

Encore un petit mot : la plupart de ces plantes , le blé, le chanvre, le lin, etc., et notamment la *betterave* qui prospèrent actuellement si bien au nord de l'Europe, quoique provenant originairement des contrées tropicales, y ont acquis immédia-

abondantes que saines, ces résultats, disons-nous, auraient-ils effrayé nos modernes économistes, ou plutôt nos meneurs, nos intrigans qui ont besoin de tenir cette partie de la population dans

tement un degré d'abondance et de perfection bien au-dessus de celui qu'elles avaient dans leur lieu natal, non point par suite d'une prétendue naturalisation ou acclimatation, mais bien par ce que ce nouveau sol du nord cultivé était, pour ainsi dire, plus vigoureux, plus productif, et généralement avait un plus grand nombre d'élémens favorables à une bonne végétation ; de telle manière que si la culture en grand de la betterave, par exemple, était reportée actuellement dans les lieux d'où elle est originaire, c'est-à-dire, dans les contrées tropicales, elle y donnerait des produits beaucoup moins avantageux et moins abondans que ceux qu'on en obtient dans le nord de l'Europe. D'ailleurs, ne voyons-nous pas à chaque instant combien de plantes d'agrément, de fleurs, d'arbustes que le luxe tire à grands frais des contrées tropicales et que l'on croyait trop faibles et trop délicates dans l'origine pour supporter la température de nos climats, s'y sont trouvées au contraire placées aussi convenablement que nos plantes les plus usuelles et les plus communes, lorsque enfin livrées à une culture ordinaire et aux soins de la nature, on a cessé de détruire leur organisation ou de l'affaiblir par des précautions nuisibles et intempestives que l'on considérait comme indispensables. Nous promettons de donner bientôt un traité très-sommaire sur ce sujet qui se rattache à notre théorie de la végétation, et qui prouvera de plus en plus, comme tous nos écrits précédens, que nos savans modernes de cabinet sont comme l'astrologue qui prétend pouvoir lire dans les astres, tandis qu'il ne peut même apercevoir ce qui est à ses pieds.

Dans ce moment même, voici un garçon de labour, qui est parvenu à créer un chef-d'œuvre de mécanique aussi simple qu'utile, et dont la conception, certes, n'aurait pu sortir du cerveau de nos *mathématico-physico-mécanico-académiciens* ; car leur science d'emprunt sans aucune étincelle de génie est presque toujours *inerte*, au lieu que le génie seul peut produire sans le secours de la science. L'invention de la *Charrue-Grangé* est une nouvelle preuve de cette vérité ; et si l'Académie des sciences vient de rendre un compte détaillé et intéressant de cette charrue et de ses avantageux résultats, le sieur Grangé, garçon de labour, malgré tout le mérite et l'utilité de son invention, ne doit sans doute d'avoir obtenu ce rapport qu'à l'influence du préfet de son département (de la Meurthe), qui a pris fait et cause pour lui. Autrement...... (a) (*Voy.* le journal *le Temps* du 22 mai 1833. — Feuilleton. — Séance de l'Académie des sciences du 20 mai).

(a) Pour ce qui nous concerne, une année entière n'a pas été un délai suffisant à l'Académie pour obtenir d'elle un rapport sur notre Mémoire. Cela est si naturel ; il offre si peu d'intérét ; ou peut-être même n'y a-t-on rien compris. Maintenant, le Mémoire étant imprimé, l'Académie, d'après son précieux réglement, est dispensée de tout rapport écrit, elle ne doit plus qu'un RAPPORT VERBAL sur l'ensemble de notre *Nouvelle Théorie de la Végétation*. Or, dans un *rapport verbal*, lorsque, suivant le bon plaisir, on veut bien le faire, on dit ce que l'on veut, cela ne tire pas à conséquence, parce que si : *scripta manent, verba volant.* — C'est une bien belle chose que l'Académie!

une rigoureuse dépendance , tout en feignant de s'occuper beaucoup d'elle et de son bonheur. Aussi leur répéterons-nous : avant
de vouloir vendre , par spéculation , à ces classes laborieuses et
malheureuses des petits livres à cinq sols, avant de tenter d'en faire
des rhéteurs et des savans au petit pied , nourrissez-les, habil-
lez-les, et procurez-leur de nouveaux et sûrs moyens de travail par
l'exploitation plus perfectionnée et plus fructueuse du sol qui les a
vu naître , vous acquerrez beaucoup plus de droits à leur juste reconnaissance (1).

---

(1) Depuis le livre à 5 sous jusqu'à l'édition de luxe, jamais on n'a vu un tel
débordement d'imprimés que de notre temps. C'est vraiment l'époque phrasière et
paperassière par excellence. Qui pourrait se reconnaître dans ce déluge d'écrits de
toutes espèces? qui pourrait trouver seulement le temps nécessaire pour faire un
triage parmi ce dévergondage d'idées et de sujets qui pullulent chaque jour ? —
Que deviendra la goutte d'eau que nous avons aussi ajoutée à ce vaste océan? ....

Extrait du journal LE FRANÇAIS, des 23 et 24 Déc.
1831. — Sciences physiques et Agriculture.

Nouvelle source de richesses, ou les deux Indes reconquises.

Tel est le titre d'une brochure qui offre un intérêt bien majeur, et qui
doit avoir la plus grande influence sur la situation politique, commerciale
et agricole de l'Europe. L'auteur, propriétaire français, après avoir habité
pendant douze ans les Antilles, de retour dans sa patrie, lui a livré le résultat de ses observations et de son expérience, et a clairement démontré,
dans les deux ouvrages qu'il a publiés récemment sur le même sujet, et
dont celui que nous annonçons est le complément, que rien n'était plus
facile et plus avantageux pour l'Europe, et surtout pour la France , que de
s'approprier les productions agricoles les plus importantes des deux Indes ,
productions qui sont, sans contredit, leurs véritables et plus solides richesses.

Le système de cet auteur tend à combattre et à détruire les erreurs et
les préjugés scientifiques qui jusqu'à ce jour ont fait considérer la culture en
grand de plusieurs plantes des tropiques, parmi lesquelles se trouvent notamment la canne à sucre, le cafier et le cotonnier, comme impossible dans
nos climats tempérés. Il soutient et prouve par un grand nombre de faits,
d'observations et de raisonnemens, selon nous bien péremptoires et déci-
sifs, que partout où réussit la culture en grand de la betterave, du chou,
du tabac, du houblon, du chanvre, etc., il en sera de même pour celle
de la canne à sucre ; que cette plante est la plus robuste et la plus vivace de
toutes celles cultivées ; que ses produits et sa culture sont annuels ; que sa forte
végétation demande surtout un sol fertile, un peu humide, bien amendé
et sarclé ; que sa maturité, n'étant que relative, s'acquiert, comme sa
croissance, successivement : enfin, que cette croissance, ainsi que sa hauteur sont indéterminées ; ce qui fait que, dans l'espace de six à sept mois

de végétation, la canne peut parvenir à un développement suffisant pour donner dans nos climats des produits avantageux par son fourrage, l'extraction de son jus ou vesou converti ensuite en sirop, rhum ou sucre, etc. etc. L'auteur entre à cet égard dans des détails clairs et précis et à la portée des esprits les plus étrangers à une pareille matière comme à ceux qui seraient les plus prévenus contre son système. Il fait connaître les causes nombreuses qui ont empêché jusqu'à présent l'introduction dans nos latitudes tempérées de la culture de la canne et de plusieurs autres plantes intertropicales. Il rappelle que les Gaules, originairement incultes et sauvages, ont tiré le plus grand nombre de leurs productions alimentaires et d'agrément des contrées méridionales de l'Asie, berceau du genre humain ; que chaque jour nous faisons de nouvelles acquisitions dans ce genre, et que, sans les erreurs et les préjugés propagés dans nos ouvrages scientifiques et dans nos jardins botaniques, depuis long-temps les pays de l'Europe centrale, où doivent prospérer principalement ces cultures, posséderaient celles dont il propose l'introduction. Il relève en même temps quelques-unes de ces erreurs qui, nous sommes forcés d'en convenir, sont des plus palpables et des plus grossières.

Plusieurs feuilles scientifiques et périodiques, telles que le *Mémorial encyclopédique et progressif des connaissances humaines*, dans ses numéros 2, 4 et 11 des mois de février, avril et novembre 1831; l'*Agriculteur manufacturier*, dans ses numéros des mois de février, juin et juillet même année ; le journal le *Temps*, du 13 mai 1831, colonne 8,418, etc., ont déjà fait une analyse et des rapports avantageux sur le système dont nous rendons de nouveau compte. Ces encouragemens ont déterminé l'auteur à consigner dans sa troisième brochure, que nous annonçons, de nouveaux faits et de nouvelles observations qui sont du plus grand intérêt. Nous nous contenterons de rapporter dans notre extrait celles qui concernent le cafier, comme étant les plus remarquables. Cet arbuste vigoureux, que l'auteur a cultivé sous les tropiques, et qu'il a retrouvé presque entièrement méconnaissable et détérioré dans nos jardins botaniques, où il est gouverné à contre-sens, et où il ne saurait prendre aucun développement dans des pots de dimension à peine suffisante pour contenir un pied de violette, cet arbuste, disons-nous, peut cependant se cultiver dans nos climats presque aussi facilement que le pêcher, l'amandier, le jasmin, etc., ou que tant d'autres plantes provenant originairement des contrées intertropicales. Il pourra également donner ses produits en Europe, et y fournir des récoltes de café suffisantes pour subvenir à sa consommation. Certainement, dit l'auteur, il exigera des soins comme les arbres à fruits délicats que nous plaçons dans nos jardins; il faudra le greffer, le tailler, mais on devra bien se garder de le renfermer, comme on le fait pendant la moitié de l'année, dans des serres chaudes, qui détruiraient sa constitution et la détérioreraient pour toujours. Ce n'est qu'en jouissant dans toute leur plénitude des influences terrestres et atmosphériques, que le cafier pourrait acquérir une constitution forte et robuste, ainsi que les autres plantes déjà parfaitement acclimatées. Comme l'auteur ne se livre jamais à aucune assertion sans la prouver par des faits, il justifie par plusieurs citations celles qu'il vient d'avancer; et, pour en donner une idée, nous reproduirons seulement l'une d'entre elles : « Les Arabes « n'estiment point le café des plaines. A mesure que l'on s'éloigne des « bords de la mer, et que le terrain monte, le café devient meilleur; « or, il fait très-froid dans les montagnes, et le café qu'on en retire est « de la première qualité. La grande chaleur n'est donc pas la seule cause « de la bonté ou de la qualité du café. Il gèle à *Senam* ou *Sana* même, « capitale des états de l'Iman, à environ 15 degrés de latitude nord, jusqu'à glacer des étangs. » (*Voyage dans les mers de l'Inde*, par M. Legentil, 2 vol. in-4°, t. 2, p. 683.)

Telle est la méthode suivie par l'auteur. Il n'avance rien sur un sujet aussi neuf, aussi intéressant, sans multiplier les citations et les raisonnemens. Il ne s'est pas dissimulé néanmoins qu'il avait à combattre de fortes préventions, des préjugés bien enracinés et surtout les erreurs de la science. Pour parvenir à établir un système qui doit avoir des résultats aussi immenses, il a été obligé d'étudier la marche de la nature dans des hémisphères bien différens et sous des latitudes opposées. Sans ces circonstances, qui lui ont permis de suivre sous les tropiques les cultures qui y sont pratiquées, lorsqu'il connaissait déjà parfaitement celles de la France, il lui eût été impossible de découvrir les erreurs de nos savans sur leur *prétendue température moyenne*, calculée sur des fausses données et fixée par eux comme indispensable pour la culture de certaines plantes ; et jamais il n'aurait pu présenter, comme il l'a fait, les causes physiques qui, par exemple, font qu'au nord la végétation est si rapide et produisent également la maturité du blé sous des latitudes aussi opposées que celles du nord de la Suède et des côtes de Barbarie.

Cet ouvrage renferme tout à la fois une partie scientifique et une partie de faits et d'agriculture-pratique. Il réunit ce que bien des savans de cabinet n'auraient pu découvrir, une théorie savante toujours d'accord avec les faits. L'une de nos plus récentes découvertes scientifiques, le calorique intérieur du globe, y trouve une application vraiment extraordinaire, mais bien incontestable. L'auteur prouve que ce feu central devient dans les contrées septentrionales un agent non moins actif pour le développement des phénomènes de la végétation, que les fluides électrique et magnétique si abondans au pôle, ou peut-être n'est-il lui-même que la réunion ou la cause de ces fluides. Sous un autre rapport, le système de cet auteur mérite de fixer l'attention des gouvernemens et des philantropes. Outre qu'il tend essentiellement à rendre désormais la traite et l'esclavage inutile, il offre encore un avantage bien plus précieux pour l'Europe, par l'introduction dans notre agriculture de plusieurs racines alimentaires supérieures en produits et en qualités à la pomme de terre, et d'une culture et d'une conservation plus faciles. Plusieurs autres plantes et racines essentielles dans les arts, et notamment pour la teinture, pourront aussi facilement s'approprier à notre sol et à notre industrie. Cette nouvelle voie, ouverte au travail et au bien-être de l'humanité, devient bien intéressante dans un moment où une population nombreuse et pour ainsi dire surabondante réclame de nouveaux moyens d'existence aussi prompts qu'immédiats ; et qui pourrait lui en procurer de plus certains et de plus efficaces que ceux présentés par l'auteur, et qui se rattachent entièrement au premier des arts, l'agriculture ?

Mais pourquoi faut-il que des projets aussi utiles trouvent jusqu'à présent si peu d'appui et tant d'obstacles à leur réalisation. Sans doute que l'industrie particulière parviendra à les surmonter ; mais que de temps peut s'écouler avant qu'elle y réussisse ! Bien loin que l'auteur se soit dissimulé ces difficultés, il se les est plutôt exagérées. Ses paroles seront-elles entendues, seront-elles comprises, lorsque, dépourvu de toute renommée précédente, de l'appui d'aucune coterie scientifique, il se présente seul pour se faire écouter du public ? Que d'exemples nous prouvent que, par cela même qu'une chose est réellement bonne et utile, elle est souvent dédaignée et rejetée. N'est-ce pas seulement plus de deux cents ans après sa découverte que la pomme de terre, d'abord proscrite comme substance alimentaire très-dangereuse, même comme poison, a pu enfin être adoptée dans la culture en grand de l'Europe ? Encore a-t-il fallu une circonstance particulière et désastreuse, nous voulons parler de la famine résultat du maximum, pour qu'en France cette racine ait pu obtenir dans sa culture le développement qu'elle y a reçu depuis. D'après de tels faits, d'après le scepticisme, l'égoïsme de notre époque, on ne saurait être étonné des craintes que manifeste l'auteur sur les difficultés qui s'opposeront à son système, et de la manière pleine de sollicitude et d'amertume avec laquelle il les énonce :

« Ne sait-on pas, dit-il, que rien n'est plus difficile à propager que le vrai et l'utile, tandis que des chimères sont vivement accueillies. Ce n'est donc pas sans raison que notre poète naïf et inimitable l'a dit : « L'homme pour le mensonge est tout de feu, la vérité le trouve de glace. » Qu'on lui propose des projets chimériques, gigantesques, mais attrayans, tels, par exemple, que l'exploitation des mines du Mexique, du Pérou, etc., vous le verrez aussitôt envoyer ses capitaux et ses ressources se perdre avec profusion dans ces régions lointaines. Qu'on lui propose encore de coloniser *Alger, Madagascar, etc.,* c'est-à-dire, d'envoyer disparaître dans ces gouffres, hommes et capitaux, ce serait en vain que la froide raison s'emploierait pour l'en dissuader; hommes et capitaux, à la voix de ministres insensés, iront aussitôt s'y engloutir. On espérerait aussi bien inutilement, continue cet auteur, recevoir quelques encouragemens du Gouvernement. Toutes les idées grandes et généreuses, s'éloignant trop d'un étroit et sordide juste milieu, ne sauraient trouver accès auprès de ministres aveugles, véritables saltimbanques politiques, et à une époque rétrograde, qui pourtant devait être si brillante, et sur laquelle la nation française avait fondé de si belles mais si vaines espérances. D'ailleurs l'hydre de la fiscalité et du monopole craindrait trop d'éprouver un dérangement dans ses funestes et insatiables spoliations; et en supposant que le Gouvernement voulût faire prospérer ces nouvelles branches d'industrie, la fiscalité ne manquerait pas de s'opposer de tout son pouvoir à leur propagation, ou de dessécher bientôt, avec son avidité et sa rapacité ordinaires, les ressources du travail le mieux combiné. Tant il est vrai que, dans toutes les parties, une organisation déjà vicieuse, conduite par des êtres immoraux et privilégiés, et qui profitent des priviléges et des abus, ne parviendra jamais à se régénérer, résistera toujours à toute idée d'amélioration et ne produira que misère et déception. »

Cet ouvrage contient aussi beaucoup d'observations neuves et instructives sur nos colonies des Antilles, sur leurs climats, mœurs, usages, agriculture, etc. sur nos projets de colonisation à *Alger, Madagascar;* des réflexions intéressantes sur l'industrie anglaise comparée à la nôtre, sur l'état financier de l'Europe, sur nos systèmes si exagérés de fiscalité et de monopole, que l'auteur considère avec raison comme des fléaux modernes aussi désastreux que ceux qu'ils ont remplacés, la féodalité et le fanatisme du moyen âge. Il déplore l'aveuglement de nos hommes d'Etat qui ne cessent d'augmenter la gène du travail et de l'industrie, sans pouvoir se tirer du bourbier financier où ils ont plongé l'Europe. Les vues profondes et élevées de cet auteur annoncent un écrivain nourri des idées grandes et généreuses qu'inspire le nouvel hémisphère qu'il a visité. C'est surtout dans la patrie des Franklin et des Washington, ce berceau de la philantropie et de la liberté, qu'il a pu puiser d'aussi nobles inspirations.

Les hommes instruits qui suivent avec intérêt les progrès des sciences et de l'industrie, trouveront dans cet ouvrage des documens biens importans sur un sujet aussi neuf qu'utile. Les propriétaires et les industriels y recueilleront des renseignemens qui leur faciliteront l'exécution d'un système à l'aide duquel son auteur, plus heureux que Christophe Colomb, doit procurer à son pays, sans guerre ni dépenses, les productions les plus avantageuses des deux Indes. Enfin, les hommes d'Etat pourront y méditer quelques idées politiques, et y apprendre, comme le dit l'auteur dans une de ses épigraphes, « que le bien-être ou le malaise d'une nation dépendent principalement de l'habileté ou de l'impéritie de ceux qui la gouvernent. »

Extrait du journal LE TEMPS, du 13 Mai 1831.

Documens. — Sciences. — Culture de la canne à sucre en Europe.

Depuis long - temps l'Europe est tributaire d'établissemens lointains qu'elle entretient à grands frais, et pour lesquels elle viole les lois divines et humaines par le maintien d'un esclavage plus rigoureux que chez aucune nation barbare. Depuis long – temps elle fait des sacrifices immenses pour ces gouffres privilégiés, qui n'ont jusqu'à présent servi qu'à ensanglanter le monde et à engloutir hommes et capitaux. Le principal prétexte d'un état de choses aussi désastreux, aussi déplorable, existe, suivant nos diplomates, dans la nécessité de pareils établissemens pour se procurer ce qu'on appelle *les denrées coloniales,* tandis qu'il est évident qu'avec l'entière liberté du commerce, les vastes contrées de l'Asie et de l'Amérique pourraient nous fournir ces mêmes denrées comme les produits de l'industrie de peuples nombreux et *libres,* à un prix beaucoup moins élevé. Ces vérités ne sauraient être contestées, pas plus que celles desquelles il résulte que les colonies de la France ne présentent que des points militaires et commerciaux plus qu'insignifians, et plutôt inutiles et onéreux.

Mais aujourd'hui, à ces vérités qui deviennent de plus en plus frappantes et acquièrent plus de force, vient se joindre un ouvrage d'un haut intérêt, par lequel l'auteur, qui est un propriétaire français qui a habité douze ans les Antilles, établit que rien n'est plus facile pour l'Europe que d'obtenir chez elle, et à moins de frais, la plus grande partie de ces *productions coloniales.* Le système de l'auteur est appuyé sur des raisonnemens tirés de nos connaissances physiques et physiologiques, qui ne laissent rien à désirer. Il s'est attaché notamment à prouver la possibilité de l'entière réussite de la *culture en grand de la canne à sucre en Europe,* non pas, comme on pourrait le croire, dans sa partie méridionale (l'Italie et l'Espagne), mais bien au contraire dans sa partie cultivée du *milieu* et du *nord.* En un mot, cet auteur établit, d'après la nature de la canne à sucre, son mode de végétation, que sa culture doit réussir partout où prospèrent particulièrement celles de la betterave, du chou ou du tabac, ou seulement de l'une de ces trois plantes.

Quelque hardi et extraordinaire que puisse paraître un pareil système, nous devons convenir qu'il est appuyé sur des faits et des autorités qui concourent puissamment à lui donner la certitude et l'évidence d'une démonstration rigoureuse. Nous ne suivrons pas l'auteur dans tous les détails de son ouvrage; mais pour donner un aperçu des points principaux d'un travail qui n'a été chez lui que le résultat de l'expérience et d'une conviction intime, nous ferons remarquer qu'il est le premier qui ait décrit et analysé le rôle important que joue, sous les zônes septentrionales et tempérées, le *calorique intérieur du globe,* surtout dans les phénomènes de la végétation. Il a aussi fait connaître, par des remarques qui lui sont particulières, que les jardins botaniques, bien loin d'avoir aidé la science pour faciliter la propagation des *cultures en grand* de plusieurs plantes exotiques, ont au contraire empêché qu'elle ne fît de nouveaux progrès; que, dans ces jardins, les plantes exotiques sont *étiolées et abâtardies,* et pour ainsi dire étouffées sous un vernis scientifique; que de pareils lieux sont pour ces plantes un vrai *caput mortuum.* Il relève ensuite des erreurs grossières faites à cet égard au jardin botanique de Paris et dans des ouvrages scientifiques. Enfin, il a également démontré combien les Chinois sont plus avancés que nous sur cette matière, la culture en grand des plantes utiles exotiques, par suite de leur acclimatation.

La théorie principale de cet ouvrage repose sur des faits positifs établissant que la canne à sucre est, de toutes les plantes annuelles cultivées, la plus robuste et la plus vivace; que sa végétation est annuelle, qu'il ne lui faut ni hauteur ni grosseur déterminées, qu'elle acquiert sa maturité comme sa croissance, et successivement; de sorte qu'il y a la sixième partie des jets ou cannes qui n'ont que deux à trois mois, et qui font le sixième du sucre; que cette plante ne redoute rien autant, dans son mode de végétation, qu'un sol aride, un soleil piquant et une atmosphère sèche, tels qu'ils existent généralement en Provence, en Espagne, etc.; qu'au contraire, pour la faire prospérer, il lui faut la fertilité et principalement l'humidité de nos départemens du nord et de l'ouest; que sa culture en grand n'a pas dû mieux réussir en Provence, d'après les essais qui en ont eu lieu, que n'auraient pu le faire celles de la betterave, du chou, du tabac, etc., qui prospèrent si bien dans les départemens du nord : qu'à l'égard de sa maturité, le même degré de calorique suffisant pour faire acquérir sous terre, et à l'abri du contact immédiat des rayons solaires, la partie sucrée que contient la betterave, sera suffisant et également favorable pour la canne à sucre; enfin, que cette dernière plante présente dans le cours de sa végétation trois principaux produits successifs ou réunis : 1º un fourrage abondant et d'une qualité supérieure; 2º les premiers sirops, non suffisamment perfectionnés pour fournir abondamment et facilement l'extraction du sucre cristallisé, mais propres à la consommation journalière et à la fabrication du rhum; 3º les sirops assez perfectionnés pour donner abondamment et facilement le sucre cristallisé; que dans nos climats on peut obtenir successivement et séparément ces différens produits, et même leur réunion.

Cette théorie, outre qu'elle s'appuie sur des faits particuliers et incontestables, se rattache essentiellement aux principes de physique les plus connus sur les propriétés de l'air considéré comme véhicule de la lumière et du calorique solaire. Elle touche d'une manière plus abstraite et moins précise aux fluides magnétique et électrique, et au calorique intérieur du globe. C'est par ces principes qu'elle explique les puissans effets des rayons solaires, modifiés et augmentés dans leur action suivant les milieux qu'ils traversent, et donne les causes de la maturité du blé sous des latitudes si différentes de celles des côtes de Barbarie avec celles du nord de l'Europe.

L'esprit indépendant de l'auteur le conduit à terminer en adressant de graves reproches au Gouvernement sur ce qu'il néglige entièrement la partie la plus importante de notre industrie, l'agriculture, et sur ce qu'il alloue, par exemple, cinq millions pour l'encouragement de la pêche de la baleine et de la morue, tandis qu'il n'accorde que la cinquantième partie de cette somme pour l'agriculture, c'est-à-dire, cent mille francs!... L'auteur gémit aussi sur la lèpre qui étouffe notre industrie, la fiscalité, ainsi que sur l'esprit de coterie qui dirige la plupart des sociétés savantes. Au moins cet auteur n'a-t-il point pris le ton servile si ordinaire, dans un ouvrage scientifique à ceux qui cherchent à capter le suffrage des académies : au contraire, il provoque hardiment leur critique et leur jette le gant. Nous craindrions d'affaiblir ses idées si nous n'en rendions pas le texte : « Mais ce ne doit pas être un motif, dit-il, pour que les hommes amis de leur pays cessent de présenter leurs vœux et les fruits de leurs études et de leurs observations, pour faire sortir l'agriculture de la stagnation où elle se trouve : ils doivent, au contraire, redoubler d'efforts afin de détruire les obstacles nombreux qui s'opposent à son avancement, et surtout pour attaquer avec force cette fiscalité sans frein et sans limite, vraie lèpre sociale qui étouffe notre industrie; cette fiscalité, hydre affreuse et fléau moderne plus désastreux que tous ceux qui l'ont précédé, sans en excepter la féodalité et le fanatisme. Quoique dirigés par l'amour seul du bien public, de pareils écrivains doivent encore s'attendre à trouver de nombreux ennemis, même jusque dans le sanctuaire de la science, parmi ces demi-savans, qui, contens d'avoir accaparé le fauteuil académique et la fourrure doctorale, ont l'air de prendre dans une pitié dédai-

gneuse tout ce qui n'émane pas de leur coterie ou n'a pas obtenu sa sanc-
tion pédantesque ; parmi ces demi-savans qui n'ont jamais vu la nature
qu'au travers d'une loupe et sans sortir de leurs cabinets. Ce n'est pas
pour eux que nous avons écrit, pas plus que pour ces esprits à conceptions étroites et à vues courtes qui, s'extasiant sur une fleur (le dahlia ,
par exemple), liront avec avidité des volumes écrits sur sa culture, sans
pouvoir porter leur enthousiasme enfantin et puéril sur des productions plus importantes et plus utiles du règne végétal. Mais si nous nous
sommes décidé à mettre nos idées au jour et à les soumettre au public,
en les lui présentant sous un point de vue, à la vérité, presque entièrement
neuf, mais éminemment utile, c'est parce que nous avons pensé qu'il
existe encore de véritables hommes instruits, incapables de se laisser dominer par les préjugés, et pour lesquels le grand livre de la nature est
toujours ouvert. »

Les questions traitées dans cette brochure sont neuves, et doivent apporter par leur solution une grande influence sur la situation commerciale
et politique de l'Europe. Elles doivent donc fixer l'attention des gouvernemens et des savans, et obtenir leur protection et leur assentiment ; car,
jusqu'à présent, le développement que tend à prendre sans cesse l'esprit
humain dans toutes les branches industrielles, les regrets amers qu'il
éprouve à la vue de l'insuffisance d'encouragemens nécessaires, des nombreux obstacles qui s'opposent, dans nos institutions, à l'amélioration
progressive du bien-être de l'humanité et de l'avancement de son industrie , ne témoignent que trop contre les vices de notre prétendue perfection sociale.

SUPPLÉMENT. — Nous ajouterons quelques mots qui ne seront pas sans intérêt : nous
eûmes le plaisir de voir, il y a peu de jours (fin de mai 1833), le superbe jardin connu
de tout Paris, de M. Boursault. Il eut la complaisance de nous le montrer avec détail. Lui
ayant parlé de nos observations aux Antilles et de nos principes sur notre *Nouvelle Théorie
de la Végétation*, il se trouva parfaitement de notre avis, et nous confirma dans nos idées
par plusieurs faits qu'il nous cita : « Vous voyez, nous dit-il, cette allée de *magnolia
grandi flora*, qui vient aussi vigoureusement que nos marronniers d'Inde ; eh bien ! cette
plante était réputée par nos botanistes ne pouvoir réussir qu'en serre et avec de grandes
précautions, comme ce beau cannelier que vous appercevez, et qui prospère si bien sans
le secours de la serre. — Mon jardinier oublia de rentrer pendant l'hiver mes plants de
strelitsia reginæ, et d'*azalea-alba*, et je dois à cet oubli ces belles plantes en pleine terre
qui se développent avec autant d'activité et de succès que nos plantes les plus communes.
— Vous voyez ces vigoureux plants de vigne de Judée, que j'ai reçus par le courrier de
Constantinople ; on voulait que je les misse en serre chaude, et cependant ils sont plus
vigoureux et ont de plus belles grappes que nos vignes du pays qui sont à côté. » — Il
nous cita encore un grand nombre de faits semblables aux premiers, qu'il serait trop long
de rapporter. — « Enfin, nous dit-il, j'ai déjà fait passer beaucoup de plantes de ma
serre chaude dans ma serre froide, et j'ai toujours réussi ; et mon intention est de continuer. Au surplus, ajouta-t-il, pendant l'hiver, j'ai soin de ne maintenir jamais ma
serre chaude qu'à une température peu élevée, de 7 à 8° ; et de très-grande qu'était cette
serre autrefois, elle se trouve réduite aujourd'hui à de plus petites dimensions ; et j'espère bien pouvoir m'en passer tout-à-fait. »

Nous n'eûmes qu'à nous louer de l'urbanité de ce respectable vieillard, M. Boursault,
qui nous avoua qu'il voyait bien, mais un peu tard, que la prétendue science de nos
botanistes modernes n'était, en grande partie, qu'erreurs et préjugés. Nous lui donnâmes
plusieurs renseignemens sur des plantes des tropiques que nous connaissions parfaitement,
et dont nous avions cultivé la majeure partie ; nous le fortifiâmes dans ses bonnes résolu-
tions en lui assurant que, s'il voulait, les 9/10es des plants de sa serre couvriraient bientôt
son jardin comme le feraient nos arbres et arbustes les plus communs, pourvu toutefois
qu'il ne prétendît pas se servir pour cela de plants déjà martyrisés et anéantis pendant
plusieurs années dans les serres chaudes, et qu'il employât les précautions que nous lui
indiquâmes. Cependant, nous le quittâmes en lui assurant qu'il s'écoulerait encore bien
du temps avant que les erreurs et les préjugés de la science fussent entièrement détruits.

SOMMAIRE.

Avant-propos. — Épigraphes et sommaires des trois brochures précédemment publiées sur la *Nouvelle Théorie de la Végétation.*

Première partie. — Réclamation adressée par l'auteur à l'Académie des Sciences. — Un savant prend une partie de sa Théorie et s'en fait un trophée académique, quoiqu'il l'eût auparavant tournée en ridicule.

Mémoire sur les effets de la température dans la végétation. — Tableau de la température moyenne des principaux lieux du globe, d'après Humboldt. — Faux calculs et fausses conséquences qui en ont été tirés. — Rectification de ces erreurs, et continuation de la *Nouvelle Théorie de la Végétation*, basée sur les faits et sur les vrais principes d'une saine physique. — Défi renouvelé par l'auteur à toutes les Académies, de contester sa théorie, théorie de laquelle il résulte *que la culture de la canne à sucre, du café, du coton, etc., et de plusieurs racines alimentaires supérieures à la pomme de terre, sera plus facile et plus avantageuse dans les climats tempérés, principalement du milieu et du nord cultivé de l'Europe, que sous les tropiques.* — Humboldt.

Résultats ridicules et coûteux d'une instruction rurale rédigée par une commission de savans et par les ministres, et envoyée aux colonies françaises. — Ces résultats seront toujours les mêmes. — Remarques intéressantes sur différentes substances alimentaires des tropiques.

Deuxième partie. — Les trois commissaires nommés par l'Académie depuis un an n'ont encore fait aucun rapport sur le Mémoire et la théorie de l'auteur, et probablement n'en feront jamais. — En attendant, un membre, **M. Edwards**, s'est provisoirement emparé du sujet de l'auteur, procédé fort à la mode et surtout fort académique.

Évariste Galois. — Ce qui lui est arrivé pour ses Mémoires remis à l'Académie. — La Sorbonne d'autrefois et nos savans privilégiés d'aujourd'hui. — Bonne foi et haut savoir des coteries scientifiques. — Traits remarquables, cités par Buffon, qui prouvent que, dans tous les temps, les coteries scientifiques privilégiées sont toujours les mêmes. — Les botanistes et leur science ridicule jugés par Buffon.

Linnée. — Ses soupçons sur l'existence de la nouvelle théorie de l'auteur. — En contrariant un peu moins la nature, Linnée réussit le premier à faire fleurir le bananier en Hollande. — D'après Buffon, les préjugés et les fausses applications augmentent avec la science. — Vains et inutiles travaux de la plupart des naturalistes modernes. — Ces prétendus savans ne craignent pas de tromper le public par un charlatanisme coupable et déhonté.

Troisième partie. — Illusions et fausses idées sur l'esprit de justice et le mérite que l'auteur supposait aux Ministres et aux Sociétés savantes. — D'autres tombés comme lui dans les mêmes erreurs. — Correspondance de l'auteur avec les Ministres, contenue dans huit lettres qui sont rapportées. — Le résultat de cette correspondance ne sert qu'à constater la mauvaise volonté et l'incapacité constantes des ministres français, sur tout ce qui est relatif à la science et à l'industrie. — Turpitude du siècle dans les sommités sociales.

Conclusion. — Nouvelles preuves de l'ignorance grossière et funeste des botanistes. — Obstacles qu'ils apportent, par leurs préjugés et leur fausse science, dans la véritable étude de la nature. — *Charrue-Grangé.* — Extraits d'analyses des journaux sur la théorie de l'auteur. — Supplément. — Jardin de M. Boursault.

IMPRIMERIE DE A. GUYOT, RUE NEUVE-DES-PETITS-CHAMPS, N° 37.